KB123043

십 대가 꼭
알아야 할

# 기후변화
## 교과서

# 십 대가 꼭 알아야 할 기후변화 교과서

이충환 지음

더숲

# 지구온난화의 실상 바로 알고, 탄소와 헤어질 결심!

요즘 기상, 기후 등과 관련된 뉴스를 보면 거의 모든 것의 원인이 지구온난화다. 2023년 여름 전 세계는 기록적인 폭염과 산불, 집중호우, 전례 없는 진로로 이동한 태풍 등에 시달렸다. 이게 다 지구온난화 탓이다.

2023년 7월 전 세계 기온은 기상관측 역사상 가장 뜨거운 수준으로 솟구쳤다. 이탈리아에서는 40℃ 이상의 고온 때문에 로마를 찾은 관광객들이 연이어 쓰러졌고, 이 열기로 알제리, 튀니지는 기온이 48℃까지 치솟았다. 이처럼 뜨거운 열기로 인해 지중해 지역에는 건조한 환경이 만들어져 대규모 산불이 발생했는데, 캐나다는 뉴욕주보다 넓은 토지가 불타는 역사상 최악의 산불을 겪었다. 그리고 8월에는 그리스에 유럽연합 전체 역사를 통틀어 최대규모의 산불이 일어나 2주간 뉴욕시보다 큰 면적이 화재로 피해를 보았고, 8월 8일 하와이 마우이섬에서도 380여 명이 사망하거나 실종되는 역대급 산불이 났다. 이 같은 화재 말고도 7월에는 강력한 태풍으로 중국 베이징에 기록적인 폭우가 쏟아졌고, 8월에는 미국 캘리포니아 팜스프링스에 허리케인의 영향으로 도시 역사상 가장 많은 비가 내렸다.

기후변화는 여러 차례 대멸종을 통해 지구 역사를 바꾸기도 했고 인류 문명의 흥망성쇠를 가르기도 했다. 문제는 산업혁명 이후 현재까지 진행되고 있는 기후변화, 즉 지구온난화의 강도가 어느 때보다 심각한 수준이란 점이다. 그동안 많은 과학자가 지구온난화를 증명하고 경고해 왔지만, 지구온난화를 사기극이나 헛소리라고 주장하는 목소리도 있었다. 사실 먼 미래에 자칫하면 지구가 금성처럼 펄펄 끓게 되는 것은 아닌지 걱정부터 앞선다.

지구온난화 때문에 여름마다 폭염이 심각해져 에어컨 없이 못 살거나 북극곰이 멸종 위기에 처한 일은 이제 더 이상 '새로운 사실'이 아니다. 우리 바다에서 명태가 씨가 마르고 오징어는 서해에서 풍년이며, 21세기 말 한반도에선 사과와 배가 사라질 것이다. 해수면이 높아지면 부산이 위험하다. 고대 인류가 기후변화로 이주했듯이 미래 인류도 대규모 이주를 감행해야 할지 모른다.

우리는 어떻게 해야 할까. 에너지 절약은 기본이고 먹거리도 가리며 자신의 '탄소발자국'을 살펴야 한다. 에스토니아나 뉴질랜드는 소에서 나오는 메탄을 줄이려고 방귀세를 도입했다. 전 세계는 리우환경회의, 교토의정서, 파리 협정을 통해 온실가스 감축에 애써 왔다. 모두가 지구를 위한 탄소 다이어트에 돌입한 것이다. 독자 여러분도 이 책을 읽은 뒤 '탄소와 헤어질' 결심을 했으면 한다. 특히 십대들에게 이 책이 단지 정보를 제공하는 것이 아닌, 행동으로 나아가게 하는 초석이 되기를 바란다.


서울 충무로 한 사무실에서

들어가며 5

**1장** 역사 속
기후변화의 순간들

**1. 지구온난화가 허구라고?** ▸ 17
지구온난화는 "헛소리(bullshit)" / BBC 다큐 <거대한 지구온난화 사기극> /
중세 온난기 이후의 소빙하기
`아는 것이 힘` 그린란드와 아이슬란드 이름에 얽힌 기후 이야기

**2. 빙하는 모든 것을 알고 있다** ▸ 25
빙하에 구멍 뚫어 과거 기후 알아내 / 어떻게 추운 빙하기와 따뜻한 간빙기가
반복될까? / 밀란코비치, 지구 자전과 공전에서 주기를 찾다

**3. 기후변화로 대멸종이 일어났다!** ▸ 32
다섯 번 일어난 주요 대멸종 / 기후변화에서 소행성 충돌까지 / 페름기 말 지구
온난화를 기억하라

**4. 문명의 흥망성쇠를 가르는 기후** ▸ 40
4대 문명은 기후변화로 몰락했다 / 메소포타미아, 가뭄과 기온 저하로 멸망해
/ 로마·마야·잉카 제국을 지배한 기후

## 차례

### 5. 산업혁명 때 도대체 무슨 일이 있었나 › 48

석탄과 석유는 과거 생물 잔해에서 생성된 화석 연료 / 영국에서 전 세계로 퍼져 나간 산업혁명

`아는 것이 힘` 화석 연료 태우면 왜 이산화탄소가 나올까

### 6. 온실 효과는 착한 효과인가 › 55

지구 생명체에 필요한 태양과 대기 그리고 온실 효과 / 19세기에 처음 제안된 온실 효과

`아는 것이 힘` 온실의 효과가 온실 효과?

### 7. 지구온난화를 증명하고 경고한 과학자들 › 61

푸트와 틴들, 온실 효과를 실험으로 밝히다 / 아레니우스, 대기 중 이산화탄소가 온실가스! / 캘런더와 킬링, 대기 중 이산화탄소 증가를 측정하다 / 윌리스 브로커, 지구온난화를 처음 입증하고 경고하다

### 8. 금성에서 온 여자 화성에서 온 남자 › 70

'전쟁의 신' 화성 대 '미의 여신' 금성 / 화성의 이산화탄소 대 금성의 이산화탄소 / 지구의 온도 조절법 / 온실 효과의 폭주, 금성에 이어 지구에서도?

## 2장 기후변화를 어떻게 재구성하는가

### 1. 에어컨 없으면 못 살아? ‣ 79

잠 못 드는 밤 그리고 초열대야 / 기상 관측 역사상 가장 더웠던 해는 / 올해가 가장 시원한 해?

### 2. 북극곰의 눈물 ‣ 85

북극곰이 멸종 위기에 놓인 이유 / 북극, 남극, 히말라야에서 빙하가 눈물처럼 녹아내려 / 지구온난화로 여섯 번째 대멸종 맞을 수도

### 3. 해수면이 높아지면 부산도 위험하다 ‣ 93

전 세계 해수면, 세기말 최대 2m 상승 / 섬나라 사라지고 해안 지역은 침수 위기

아는 것이 힘 몰디브, 해저에서 내각회의 열었다!

### 4. 기후변화 시나리오 ‣ 100

IPCC 기후변화 평가 보고서에 담겨 / SRES, 배출 시나리오에 관한 특별 보고서 / 온실가스 농도에 따른 시나리오-RCP, 대표농도경로 / 새로운 기후변화 시나리오-SSP, 공통사회경제경로

### 5. 기후변화가 먹거리에 몰고 온 변화 · 110

'사과는 대구'는 옛말 / 21세기 말 한반도에서 사과와 배가 사라진다 / 명태는 씨가 마르고 오징어는 서해에서 풍년

### 6. 지구온난화라는데 강추위는 왜 올까 · 118

북극이 더워지면 차가운 공기가 남쪽으로 / 여름철 찜통더위는 열돔 현상이 원인 / 세계 곳곳의 기상이변이 '새로운 표준'

### 7. 기후 난민은 현재 진행형? · 129

고대 인류, 기후변화에 따라 이주했다 / 인류의 대규모 이주는 미래에도 계속된다

### 8. 북극 항로가 열린다 · 136

기후변화에 따른 가뭄에 진귀한 화석과 문화재급 유물 드러나 / 빙하가 녹자 자연 경관이 바뀌고 희토류 채굴도 가능해져 / 우리나라는 지리적 위치 덕에 북극 항로의 이점 누린다

`아는 것이 힘` 핏빛으로 물든 알프스, 알고 보니 기후변화 탓?

## 3장  기후변화, 우리는 무엇을 준비해야 하는가

### 1. 당신의 탄소발자국은 얼마? ▸ 149

탄소의 발생 자취를 뒤쫓는 '탄소발자국' / 탄소성적표지와 저탄소 제품 인증 /
에너지 절약은 기본이고 먹거리도 가려야

### 2. 칼로리 제로? 탄소 제로! ▸ 157

지구를 위한 탄소 다이어트 / 전 세계 70여 개국 탄소 중립 선언 / 우리나라
'2050 탄소 중립 시나리오'는?

### 3. 방귀에 세금을 매긴다고? ▸ 166

이산화탄소보다 강력한 온실가스 메탄 뿜어내 / 에스토니아에서 뉴질랜드까지
'방귀세' 도입 / 소에서 나오는 메탄을 줄이는 방법

### 4. 노벨평화상을 받은 IPCC ▸ 173

2007년 노벨평화상, IPCC와 앨 고어 공동 수상 / 변위법칙 발견에서 '탄소세'
제시까지 노벨상 수여

아는 것이 힘  기후 행동 외치던 10대 소녀 그레타 툰베리, 노벨평화상 후보에 올라

## 5. 리우에서 시작해 교토를 넘어 파리까지 · 181

리우환경회의, '온실가스 배출의 역사적 책임을 져야' / 교토의정서, 선진국의 온실가스 감축 의무 구체화 / 파리 협정, 모두가 온실가스 감축에 참여하는 신기후 체제 마련

## 6. 왜 1.5도를 고집하나 · 191

기후변화, 국가 생존 위협하고 전쟁 발발 가능성 높여 / 산호초, 2℃ 상승하면 99% 멸종

## 7. 트럼프, 지구공학을 지지하다 · 198

지구공학 아니고 기후공학! / 태양 빛을 막거나 이산화탄소를 제거하거나 / 지구환경에서 하는 실험 시도는 부작용 우려에 막혀

## 8. 이산화탄소의 변신 · 205

탄소 포집·저장(CCS)보다 탄소 포집·활용(CCU)이 더 중요 / 탄소 자원화 기술의 종류 / 인공광합성으로 연료와 식량 생산

## 9. 전기차, 그린십이 뜬다 · 214

전기차는 선택이 아니라 필수 / 자동차 역사의 처음과 끝을 장식하는 전기차

아는 것이 힘 선박에서 내뿜는 이산화탄소를 줄이려면

그림 목록 · 222

# 1장  역사 속 기후변화의 순간들

# 지구온난화가
# 허구라고?

## 지구온난화는 "헛소리(bullshit)"

"매우 값비싼 이 지구온난화라는 헛소리는 멈춰야 한다. 우리 행성은 매우 춥고, 기록적인 최저 기온을 기록하고 있으며, 우리의 지구온난화 과학자들은 얼음에 흠뻑 빠져 있다(This very expensive Global Warming bullshit has got to stop. Our planet is freezing, record low temps, and our GW scientists are stunk in ice)."

2014년 1월 1일 전 미국 대통령 도널드 트럼프가 트위터에 남긴 글이다. 당시 미국은 전국적으로 역대급 한파가 찾아와 대부분 지역이 일주일쯤 '겨울왕국'을 연상시켰다. 이를테면 뉴욕시는 2014년 1월 7일 역사상 가장 낮은 최저 기온(영하 15.5℃)을 기록했다. 트럼프 전 대통령은 기록적인 한파로 최저 기온을 경신했으니 지구온난화는 '헛소리'라고 표현한 것인데, 그 트윗 문구가 꽤 도발적이다(사실 지구온난화로 한파가 생길 수 있는데, 이 원리는 나중에 알아보자).

이보다 앞선 2012년 11월에는 "뉴욕은 얼어붙고 눈이 내리고 있다. 지구온난화가 필요하다(It's freezing and snowing in New York-we need global warming)"라며 조롱하는 트윗을 날리기도 했다. 당시는 그가 공화당에서 대선 경선에 나서기 4년 전이니까 지구온난화에 대한 그의 도발적 발언은 퍽 오래전부터 시작된 셈이다. 트럼프 전 대통령은 2015년 9월에는 "기후변화를 믿지 않는다(I don't believe in climate change)"라고 소신을 밝히기도 했다. 결국 2017년 1월 미국 대통령 취임식을 치른 지 반년 만인 6월 1일 미국의 파리 협정 탈퇴를 공식적으로 발표했다. 파리 협정은 전 세계 195개국이 지구온난화를 막으려고 온실가스 배출량을 단계적으로 감축하자는 내용을 합의한 협정으로 미국은 버락 오바마 대통령이 2016년 9월에 비준했다. 이를 트럼프 전 대통령이 파리 협정이 중국과 인도에 엄격하지 않고 미국에 '나쁜 협정'이라고 주장하며 뒤집은 것이다.

사실 트럼프 전 대통령은 이전부터 중국의 음모론을 펼쳐왔다. 2012년 11월 6일에는 "지구온난화 개념은 미국 제조업의 경쟁력을 없애려고 중국인이 중국인을 위해 만들었다(The concept of global warming was created by and for the Chinese in order to make U.S. manufacturing non-competitive)"라는 트윗을 올렸다. 이후 지구온난화를 '장난질(hoax)'이라면서 화석 연료 사용을 제한하면 미국의 경쟁력이 떨어지게 될 것이라고 우려하기도 했다. 트럼프 전 대통령은 산업혁명 이후 화석 연료 사용량이 급증하면서 이산화탄소를 비롯한 온실가스가 대기 중으로 쏟아져 나옴에 따라 지구온난화가 가속하고 있다는 사실을 인정하지 않고, 지구온난화가 미국의 경쟁력을 떨어뜨리려는 중국인의 음모라는 황당한 주장을 편 것이다.

## BBC 다큐 〈거대한 지구온난화 사기극〉

'지구온난화 허구설'은 트럼프 전 대통령처럼 막말을 쏟아내는 돈키호테 같은 이들만 따르는 것은 아니다. 2007년 영국의 국영방송 BBC는 〈거대한 지구온난화 사기극(The Great Global Warming

Swindle)〉이라는 제목의 다큐멘터리를 방영했다. 이 다큐멘터리는 이산화탄소가 증가해 지구온난화가 일어난 것이 아니라 오히려 온도가 높아져 대기 중 이산화탄소가 증가했다는 일부 과학자들의 주장을 담았다. 그들은 그 이유로 기다란 기둥 모양의 얼음 샘플 '빙하 코어(ice core)'를 분석한 결과 지구 기온이 먼저 올라간 뒤 이산화탄소량이 늘었다고 주장했다. 기온이 높아져 해양이 가열되면 용해도가 낮아지므로 바닷속에 녹아 있던 이산화탄소가 대기 중으로 방출된다는 원리다. 콜라, 사이다 같은 탄산음료를 예로 들어 보자. 음료가 차가울 때는 음료에 포함된 풍부한 탄산 덕에 톡 쏘는 맛이 강하지만, 온도가 높아지면 음료에서 이산화탄소가 날아가 이른바 김이 빠져 맛이 떨어지는 상황을 떠올리면 이해하기 쉽다.

BBC 다큐에서는 지구온난화가, 증가한 이산화탄소가 아니라 활발한 태양 활동 때문에 일어났다는 주장 또한 전했다. 회의론자들은 화석 연료를 많이 사용하지 않은 산업혁명 이전인 10~13세기의 '중세 온난기'를 언급한다. 해상을 누비던 바이킹은 11세기 초 따뜻한 기후 덕에 아이슬란드와 그린란드에 식민지를 건설할 수 있었다. 12~13세기에는 온화한 날씨 덕분에 영국의 남부와 중부에서 포도를 재배할 정도였다. 그래서 프랑스는 영국산 포도주의 수입을 막는 무역 협정을 체결하려고도 했다.

중세 온난기의 흔적은 나무 나이테, 꽃가루 샘플을 비롯해 안데스고원의 얼음층, 아메리카 동부의 퇴적물, 북대서양의 해양 퇴적물 등에 두루 남아 있다. 1965년 영국의 고기후학자 허버트 램은 기상과 관련한 역사 기록, 식생과 관련한 자료를 분석한 다음 중세 온난기를 주장했다. 지구온난화 회의론자들은 중세 온난기의 원인으로 태양 활동이 활발했기 때문이라고 설명한다.

## 중세 온난기 이후의 소빙하기

공교롭게도 중세 온난기 이후에는 '소빙하기'가 찾아왔다. 세계 각지의 기록을 조사해 보면, 13세기 중반부터 19세기 후반까지 비교적 추운 날씨가 이어졌다. 평균 기온이 2~3℃ 낮아졌다는 분석이 있다.

이 시기에 유럽 전역에 한파가 자주 몰아쳤고 몹시 추운 겨울 동안 북유럽 곳곳의 호수, 강, 하구가 얼었으며, 많은 사람이 식량 부족이나 전염병으로 죽었다. 중세 온난기에 따뜻했던 아이슬란드는 곡물 농사가 불가능해져 인구가 크게 줄었고, 그린란드는 빙하로 뒤덮여 사람이 살기 어려워졌다. 그 당시 우리나라는 조선 시대에 해당하는데, 1653년 6월 강원도에 서리가 내렸고, 1655년 봄과 1659년 봄에 동해가 얼어붙었다는 기록이 남아 있다.

일부에서는 소빙하기가 발생한 원인을 태양의 활동이 약해졌기 때문이라고 주장한다. 실제 1650~1700년경은 천문학계에서 태양 흑점이 뚜렷이 적었던 '마운더 극소기(Maunder minimum)'라 불린다. 태양 활동이 활발하지 않을 때 태양 흑점이 적게 나타나

네덜란드 화가 헨드릭 아베르캄프의 작품 〈스케이트를 타는 사람들이 있는 겨울 풍경〉(1608년경). 소빙하기 유럽의 모습을 담았다(그림 1).

기는 하지만 17세기 소빙하기의 원인은 아직 정확히 밝혀지지 않았다.

## 그린란드와 아이슬란드 이름에 얽힌 기후 이야기

현재 그린란드는 섬의 80% 이상이 빙하로 뒤덮여 있고, 아이슬란드는 따뜻한 해류인 멕시코만류 덕분에 여름에 온난하고 푸르다 (아이슬란드의 11%는 만년설로 덮여 있다). 그런데 왜 그린란드는 '녹색 땅'이라는 이름이 붙었고 아이슬란드는 '얼음 땅'이라는 이름이 붙었을까.

그린란드라는 이름은 982년 노르웨이 사람 에이리크가 붙였다. 에이리크는 죄를 짓고 고국에서 추방되어 그린란드로 쫓겨 왔는데, 좀 더 많은 사람을 불러들이려 '녹색 땅'이라는 이름을 붙였다고 한다. 그럼에도 당시 그린란드는 지금보다 따뜻해서 푸른 초원이 있었을 것으로 여겨진다. 바이킹이 그린란드를 식민지로 개척했을 때도 사람이 살기 좋았다. 빙하 코어, 연체동물 껍질 등을 분석한 바를 따르면 800~1300년에 그린란드 남부는 오늘날보다 훨씬 따뜻했다.

한편 아이슬란드라는 이름이 붙은 데는 두 가지 설이 있다. 노르웨이인이 처음 탐험했을 때 따뜻한 서부가 아니라 빙하로 덮인 동부를 먼저 발견해 '얼음 땅'이라고 이름을 붙였다는 설과 아이슬란드에 정착한 바이킹이 온화한 지역이라는 사실을 알면서도 일부러 사람들이 오지 않게 하려고 그렇게 붙였다는 설이 있다.

아이러니하게도 그린란드와 아이슬란드는 미래에 그 이름처럼 바뀔 운명에 놓였다. 지구온난화로 그린란드의 빙상이 빠르게 녹으면서 북대서양의 수온이 낮아져 멕시코만류의 흐름이 매우 느려졌다. 이런 추세가 이어지면 아이슬란드는 기온이 떨어지고 주변 바다가 빙하(해빙*)로 뒤덮일 것이다. 그린란드는 계속 따뜻해져 빙산이 빠른 속도로 떨어져 나올 것이다. 따라서 100~200년 안에 아이슬란드와 그린란드는 이름과 비슷한 환경으로 바뀔 것으로 예측된다.

* 해빙海氷: 바닷물이 얼어서 생긴 얼음

# 2

# 빙하는 모든 것을
# 알고 있다

## 빙하에 구멍 뚫어 과거 기후 알아내

남극이나 그린란드는 1년 내내 기온이 영하에 머문다. 이 때문에 내린 눈이 녹지 않고 계속 쌓여 지역에 따라 두께가 수천 미터에 이르는 얼음덩어리, 즉 빙하가 형성된다. 흥미로운 점은 빙하가 형성될 때 당시 공기가 스며든다는 사실이다. 빙하에 들어간 공기는 수만 년이나 수십만 년 동안 그곳에 갇혀 있는데, 여기에는 과거 지구 대기의 정보가 고스란히 담겨 있다.

과학자들은 남극이나 그린란드에 있는 기지에서 빙하 속 공기를 연구하고자 빙하에 수천 미터 깊이까지 구멍을 뚫는다. 이렇게 채취한 빙하 코어를 단면으로 잘라 자세히 살펴보면 얼음에 갇힌 수많은 공기 방울을 발견할 수 있다. 빙하 코어는 기둥 아래쪽 얼음일수록 과거의 정보를 포함하고 있다.

빙하에 갇힌 공기 방울에서 무엇을 알 수 있을까. 과학자들은 당시 지구 대기에 포함된 이산화탄소 농도, 먼지량 등을 쉽게 복원할 수 있으며, 산소 동위원소를 이용해 그 시기 기온을 추정할 수 있다. 산소 동위원소 중에는 가벼운 산소(질량수가 16인 산소)와

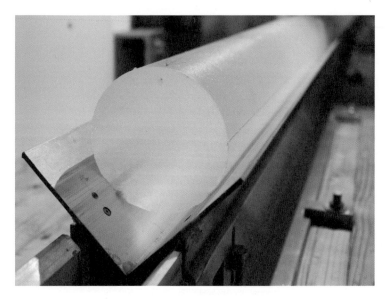

수천 미터 깊이까지 구멍을 뚫어 채취한 빙하 코어. 아래쪽 얼음일수록 과거의 대기 정보를 담고 있다(그림 2).

무거운 산소(질량수가 18인 산소)가 있는데, 기후에 따라 바다에서 대기로 증발하는 두 산소의 양이 달라진다. 따뜻할 때는 두 산소 모두 바다에서 잘 증발하지만, 추울 때는 무거운 산소가 잘 증발하지 않는 반면 가벼운 산소는 상대적으로 잘 증발하므로 대기 중에 무거운 산소의 비율이 줄어든다. 이 원리를 바탕으로 두 산소의 비율을 알아내면 당시 기온을 알 수 있다.

## 어떻게 추운 빙하기와 따뜻한 간빙기가 반복될까?

실제로 과학자들은 남극 보스토크 기지의 빙하 코어를 분석해 지난 40만 년간 기온 변화, 이산화탄소 농도, 먼지량 등에 대한 정보를 알아냈다. 특히 기온 변화를 살펴보면 지구 기온이 크게 떨어져 넓은 지역에 빙하가 분포했던 빙하기와 빙하기 이후 따뜻한 시기인 간빙기가 반복된다는 사실을 알아낼 수 있다. 보스토크 빙하 코어를 분석한 결과 추운 빙하기가 8만 년간으로 길게 나타나고, 따뜻한 간빙기는 1만~2만 년으로 짧게 나타났다. 빙하기와 간빙기가 대략 10만 년 주기를 보인 것이다.

더 나아가 과학자들은 남극 돔 C에서 가져온 빙하 코어를 분석해서 이보다 더 먼 과거, 즉 80만 년 전까지의 기후 정보를 파

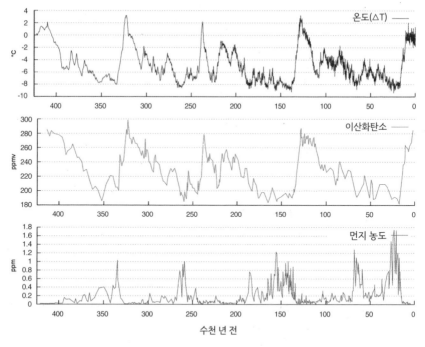

남극 보스토크 기지의 빙핵 자료로 본 과거 기후변화(그림 3).

악했다. 분석 결과 지난 80만 년간 빙하기와 간빙기가 10만 년
주기로 반복되었다. 흥미롭게도 10만 년 주기가 40만 년 전까지
는 매우 뚜렷하게 보이지만 그 이전 시기는 명확하지 않았다.

　이보다 더 오래전의 기후를 파악하려면 빙하 코어와 비슷하게
해양에서 얻은 퇴적물 코어를 이용해야 한다. 과학자들은 해양
퇴적물 자료를 분석해 수백만 년 전의 기후 정보를 파악했다. 그
결과 지난 100만 년간은 빙하기와 간빙기의 10만 년 주기가 나

타났지만, 250만 년 전에서 100만 년 전까지는 4만 1000년 주기
가 보였다. 기온 변동 주기가 왜 이렇듯 다르게 나타났을까? 이
는 '밀란코비치 주기'와 관련이 있다.

## 밀란코비치, 지구 자전과 공전에서 주기를 찾다

빙하기가 주기적으로 나타나는 이유를 찾으려면 지구와 태양
사이의 관계를 살펴봐야 한다. 20세기 초 세르비아의 과학자 밀
루틴 밀란코비치는 지구의 기후를 변화시키는 여러 요인 가운
데 특히 천문학적 요인에 주목했다. 지구의 특정한 위치에서 기
후는 어떻게 결정될까. 지구와 태양의 거리, 그곳의 위도, 그 위
도의 지표에 햇빛이 내리쬐는 각도 등이 중요하다. 밀란코비치
는 20년 넘게 이 문제와 씨름한 끝에 천문학적 영향 때문에 지구
에서 각기 다른 위도에 도달하는 태양에너지의 양이 달라져 빙
하기가 올 수 있다는 수학적 증거를 제시했다. 밀란코비치는 연
구 와중에 제1차 세계대전이 발발해 한때 전쟁 포로로 감옥에
갇히기도 했지만, 그의 연구 열정은 식지 않았다. 친구의 도움으
로 감옥에서 풀려나 헝가리 부다페스트에서 포로 생활을 할 수
있었는데, 이곳에서 4년의 전쟁 기간 내내 연구에 매진했다.

지구는 스스로 도는 자전을 하면서 태양 주위를 도는 공전을 한다. 밀란코비치는 지구의 자전축 기울기, 공전 궤도 모양 등이 바뀔 때 이런 변화가 지구 기후에 영향을 준다는 사실을 발견했다. 지구는 태양 주위로 길쭉한 타원 궤도를 따라 공전하는데, 태양에 가까이 갈 때 태양에너지를 더 많이 받고 태양에서 멀어질 때 상대적으로 덜 받는다. 문제는 지구 공전 궤도의 타원 모양이 달라진다는 사실이다. 구체적으로 지구 공전 궤도의 찌그러진 정도(이심률)가 41만 3000년 주기와 10만 년 주기로 변한다. 궤도 이심률이 커지면, 즉 궤도가 더 찌그러지면 계절의 변화가 커진다.

또한 지구의 자전축은 공전축에 대해 약 23.44° 기울어져 팽이처럼 뒤뚱거리며 2만 6000년에 한 바퀴씩 회전하는데, 이를 세차운동이라고 한다. 지구 자전축의 기울기는 22.1°에서 24.5°까지 달라지는데, 그 주기가 4만 1000년이다. 지구 자전축이 바뀌면 계절에 따라 받는 태양에너지의 양이 달라진다. 예를 들어 자전축 기울기가 커지면 태양에너지를 여름에 더 많이 받고 겨울에 더 적게 받아 계절별 차이가 커진다. 이렇게 천문학적 요인에 따라 기후가 바뀌는 주기를 밀란코비치 주기라고 한다.

밀란코비치는 지구 공전 궤도 이심률, 세차 운동, 지구 자전축 기울기 같은 천문학적 요인에 따라 나타나는 북반구 여름철 일사량이 빙하기 시작 시점에서 중요하다는 가설을 세웠다. 예를 들어 천문학적 요인 때문에 북반구의 여름철 일사량이 줄어든다면 북극 주변에 겨울 동안 내린 눈이 여름에 녹지 못해 빙하를 형성하는데, 이것이 햇빛의 반사율을 높여 빙하기가 나타날 수 있다. 남극은 거대한 대륙(빙상)이 주변 바다에 둘러싸여 빙하가 확장되기 어렵지만, 북극은 바다로 이뤄져 주변의 유라시아 대륙과 북미대륙이 추워지면 쉽게 빙하가 형성되고 또 확장될 수 있다.

# 기후변화로
# 대멸종이 일어났다!

## 다섯 번 일어난 주요 대멸종

공룡, 매머드, 도도새는 과거에는 살았지만 지금은 볼 수 없는 생물, 즉 멸종된 생물이다. 공룡은 6500만 년 전 멸종했고, 매머드는 4000~1600년 전 멸종했으며, 도도새는 인도양의 섬나라 모리셔스에서 서식하다가 1681년 멸종했다. 지구상에 존재하던 생물종 하나가 아예 사라지는 사건을 '멸종'이라고 한다. 멸종된 생물종 수가 매우 많은 사건이 바로 '대멸종'이다. 대멸종은 지구 역사에서 과거에 일어난 사건이기에 화석에 의존해 그 증거를

미국 앨버타주에 중생대와 신생대를 가르는 지층(K-Pg 경계)이 하얗게 노출되어 있다. 중생대 백악기 말기에 대멸종이 있었다(그림 4).

찾아낸다. 지구 전체 역사를 보면 대멸종은 다섯 번 있었다고 밝혀져 있다.

　지구는 약 46억 년 전에 탄생했고, 이후 약 40억 년 동안 동물, 식물, 균류(곰팡이류)를 포함한 다세포 진핵생물이 진화했지만 화석 기록이 충분하지 않아 대멸종을 확인하기가 어렵다. 고생대의 문을 연 캄브리아기(5억 3880만 년 전~4억 8540만 년 전)에 척추동물을 비롯한 다양한 동물이 폭발적으로 늘어났으므로 고생대 이후의 동물 화석을 근거로 삼아 얼마나 많은 생물이 멸종했는지 추정해 대멸종을 따진다. 대멸종은 지구 역사에서 지질학적 시대를 구분하는 하나의 기준인데, 고생대와 중생대, 중생대와 신생대를 구분하는 시점에도 대멸종이 있었다.

다섯 번의 주요 대멸종 가운데 가장 먼저 일어난 사건이 오르도비스기 말기 대멸종이다. 이는 4억 4000년 전인 고생대 오르도비스기와 실루리아기의 경계에서 벌어졌다. 당시까지 존재했던 생물종 가운데 85%가 완전히 없어졌다. 당시 바다는 지금보다 매우 얕았고, 산호나 껍데기가 두 장 있는 완족류가 주를 이루었다.

두 번째 대멸종은 데본기 말기에 있었다. 약 3억 6000만 년 전인 데본기와 석탄기의 경계에서 일어났는데, 그때까지 존재했던 생물종의 70%가 지구에서 사라졌다. 세 번째 대멸종은 약 2억 5000만 년 전인 페름기 말기에 일어났다. 이 사건을 기준으로 고생대와 중생대가 나뉜다. 당시 바다에 살던 생물종의 96%가 사라졌고, 육지에 살던 생물종의 70%가 없어졌다. 페름기 말기 대멸종은 지구 역사상 최악의 참사로 기록되었다.

네 번째 대멸종은 약 2억 1000만 년 전인 중생대 트라이아스기와 쥐라기 경계에 일어났는데, 전체 종의 70~75%가 자취를 감추었고 이후 공룡이 번성했다. 다섯 번째 대멸종은 약 6500만 년 전인 백악기 말기에 일어났다. 이 사건을 계기로 중생대와 신생대가 구분된다. 당시에 존재했던 공룡, 암모나이트를 비롯한 생물종의 75%가 지구상에서 사라졌다. 이후 포유류, 곤충류, 조류가 번성하며 종 다양성이 급증했다.

## 기후변화에서 소행성 충돌까지

그럼 대멸종은 왜 일어났을까. 그 원인으로는 가장 먼저 기후변화를 들 수 있다. 기후변화는 다섯 번의 주요 대멸종과 밀접하게 연관되어 있다.

구체적으로 살펴보자. 주요 대멸종 시기 중에서 오르도비스기 말기와 페름기 말기에는 갑작스러운 기온 변화로 대멸종이 일어난 것으로 본다. 고생대 오르도비스기가 끝날 무렵, 현재 남반구 땅 전체를 아우른 초대륙 곤드와나가 이동하다가 남극과 충돌했는데, 이후 기온이 급격히 내려가 대륙과 바다가 얼음으로 뒤덮였으며 해수면이 낮아졌다. 이에 따라 대기와 해양의 이산화탄소 농도가 대폭 낮아지면서 식물의 수가 갑자기 줄고 생태계가 무너진 것으로 본다. 한편 페름기 말에는 초대륙 판게아(단일 대륙)가 형성될 때 지금의 시베리아 지역에서 대규모 화산이 폭발하면서 쏟아져 나온 이산화탄소가 대기를 뜨겁게 만들었다.

이로써 1000만 년간 지구온난화가 이어지면서 대멸종이 일어났다는 것이 유력한 가설이다.

해수면의 변화도 대멸종과 관계가 있다. 해수면은 기후변화와 관련이 있지만, 해양생물의 멸종과 밀접하게 관련되어 있다. 예를 들어 중생대에 해수면이 낮아진 시기는 대멸종이 일어난 시기와 일치한다.

이 외에 백악기 말기 대멸종에서 보듯이 소행성 충돌 또한 대멸종의 원인 가운데 하나로 꼽힌다. 백악기 말기에 지름 약 10km의 소행성이 현재의 멕시코 유카탄반도와 충돌했다. 이 충돌로 엄청난 에너지가 방출되었고, 대기는 먼지와 황산 에어로졸로 뒤덮였다. 이로써 지표에 도달하는 햇빛이 50% 이상 줄어들어 지구 기온이 급격히 떨어졌고 산성비가 내렸다. 식물이 햇빛을 받지 못해 죽자 식물을 먹이로 하는 초식동물, 이를 먹고사는 육식동물이 대부분 멸종했다. 소행성 충돌로 나타난 기후변화의 영향을 받은 것이다.

## 페름기 말 지구온난화를 기억하라

5대 주요 대멸종 중 가장 참혹했던 페름기 대멸종을 좀 더 자세히 살펴보자. 당시 적도 바다가 뜨거워져 바닷속 산소 농도가 크게 줄었다. 그러자 고생대 바다를 지배하던 삼엽충, 고생대 산호, 방추충(푸줄리나) 같은 생물이 숨을 쉬지 못해 죽어 갔다. 해양 생물종 가운데 무려 96%가 멸종했다. 육지에서는 양서류, 파충류, 단궁류(포유류형 파충류. 모습은 공룡과 비슷하지만 포유류에 가까운 동물)의 70% 정도가 사라졌고, 석탄기와 페름기에 번성했던 겉씨식물, 종자고사리 등이 멸종했다.

페름기 대멸종은 왜 일어났을까. 원인을 두고 산소 고갈, 고온, 바다 산성화, 중금속과 황화수소 독성 등의 가설이 나왔지만, 지금의 시베리아에서 발생한 대규모 화산 분출로 환경이 바뀌었기 때문이라는 견해가 가장 지배적이다. 이 화산 분출은 한반도 10배 넓이의 용암대지를 형성할 정도였는데, 석탄기 동안 쌓인 석탄층을 뚫고 올라와 화산 분출물과 석탄이 타면서 이산화탄소와 메탄 가스가 엄청나게 발생했다. 이렇게 대기로 방출된 이산화탄소와 메탄이 극심한 지구온난화를 일으키면서 수많은 생물이 멸종했다.

그렇다면 생물은 구체적으로 어떻게 멸종했을까. 2018년 12월 미국 워싱턴대학교 연구진이 이 과정을 자세히 연구해 국제학술지 《사이언스》에 논문으로 발표했다. 연구진은 페름기 말기 대멸종의 주원인으로 지구온난화에 따른 산소 부족을 손꼽았으며, 이

페름기 대멸종 때 멸종한 삼엽충 화석. 미국 워싱턴대학교 연구진을 따르면, 페름기 대멸종은 온도 변화에 민감한 극지방의 생물에서 더 크게 진행되었다(그림 5).

때문에 적도보다 극지방에서 멸종률이 높았다고 밝혔다. 당시 화산 분출과 함께 지구 온도가 상승했는데, 특히 적도의 바닷물 온도가 10~15℃ 올라갔고, 바다의 산소 농도는 전체적으로 80%나 감소했다. 해양동물은 수온이 높아지면 신진대사도 빨라져 더 많은 산소가 필요하지만, 더운물은 충분한 산소를 품지 못하기 때문에 산소가 부족해져 해양동물이 질식할 수밖에 없다. 가장 큰 타격을 입은 생물은 적도에서 멀리 떨어져 살던 종이다. 열대 해양생물은 꽤 덥고 산소가 적은 환경에 이미 적응한 상태라서 다른 곳으로 옮겨 서식할 수 있었지만, 차갑고 산소가 풍부한 바다에 적응한 생물은 도망칠 곳이 없었기 때문이다.

이 연구는 현재 우리에게 많은 점을 시사한다. 페름기 대멸종 상황이 지금의 기후변화와 비슷하기 때문이다. 연구진은 지구온난화가 지금처럼 진행되면 2100년 해수 온도가 페름기 말 온난화의 20% 수준에 이르고 2300년이면 35~50% 수준에 이를 것이라고 예상했다. 인류가 아무런 대책도 마련하지 않는다면 지구온난화에 따른 대멸종 사태가 과거와 비슷한 과정으로 벌어질 수 있다는 뜻이다.

실제로 일부 과학자는 여섯 번째 대멸종이 일어나 인류를 포함한 생물 상당수가 지구상에서 사라질 것이라고 경고했다. 2014년 국제학술지 《사이언스》에는 인간이 출현하고 나서 생물의 멸종 속도가 1000배나 빨라졌으며, 이런 속도라면 100년 뒤 생물종의 70%가 없어질 것이라고 예상하는 논문이 실렸다. 멸종 원인으로는 서식지 파괴, 기후변화 같은 급격한 환경 변화를 꼽았다. 즉 해수면이 높아짐에 따라 해안 주변의 주요 동식물은 서식지가 사라져 멸종 속도가 빨라진다는 뜻이다.

# 문명의 흥망성쇠를 가르는 기후

## 4대 문명은 기후변화로 몰락했다

기후변화는 인류 문명의 흥망성쇠를 결정하는 데 중요한 역할을 했다. 미국의 지리학자 엘스워드 헌팅턴은 자신의 저서《문명과 기후》에서 인류 문명이 발생할 만한 최적의 기후 조건을 제시했다. 즉 월평균 기온 3.3~18.3℃에 습도가 70% 이하이며 연간 20회 내외로 저기압이 통과하는 지역에서 신체 활동과 뇌 활동이 가장 활발해 인류 문명이 발생했다고 주장했다. 그가 제시한 조건은 온대기후에 가깝다. 구대륙에서 시작된 세계 4대

이집트 문명의 상징인 피라미드. 기원전 3000년경 나일강 하류에서 발달한 이집트 문명은 급격한 기온 상승, 강 주변의 사막화 때문에 멸망한 것으로 추정된다(그림 6).

문명은 온대기후 지역에 위치한다.

4대 문명인 메소포타미아 문명, 중국 문명, 이집트 문명, 인도 문명은 모두 강 주변에서 발달했다. 4대 문명의 발상지는 문명 탄생 당시의 강수량이 지금보다 많았으며, 강 유역의 흙은 기름지고 수분이 충분했다. 메소포타미아 문명은 기원전 6500년경 티그리스강과 유프라테스강 주변의 비옥한 지역을 중심으로 농경과 목축을 시작했으며 신석기, 청동기, 철기를 이용해 번성하다가 기원전 500년경 멸망했다. 중국 문명은 기원전 5000~기원전 4000년경 황허강 중·하류 지역에서 신석기 문화로 시작되었고, 이집트 문명은 기원전 3000년경 나일강 하류의 비옥한 토지에서 발달하기 시작해 2000년간 고유 문화를 이룩했다. 인도 문명은 기원전 3000~기원전 2500년경 인더스강 유역에서 시작해 청동기 문화를 바탕으로 약 1000년간 번영했다.

많은 과학자와 고고학자는 고대 문명이 몰락한 원인이 기후변화 때문이라고 주장한다. 메소포타미아 문명이 멸망한 원인은 극심한 가뭄과 기온 저하로 농업이 불가능해졌기 때문이며, 이집트 문명은 기온이 급격하게 높아지면서 나일강의 수위가 낮아지고 강 주변이 사막화되면서 멸망했다고 한다. 인도 문명은 기후변화로 계절풍인 몬순의 세기가 약해지고 강수량이 줄면서 건기가 오랫동안 이어지자 농사가 영향을 받으면서 몰락했다고 본다.

## 메소포타미아, 가뭄과 기온 저하로 멸망해

메소포타미아 문명을 자세히 들여다보면 기후변화의 영향을 알 수 있다. 메소포타미아 문명은 아카드 제국, 바빌로니아 제국, 아시리아 제국 등의 흥망성쇠를 포함한다.

아카드는 기원전 2350년경 티그리스강과 유프라테스강 사이에서 탄생한 도시국가로 여러 도시국가를 정복하며 거대한 곡창지대를 만들었지만, 건국한 지 200년 만인 기원전 2150년경 멸망했다. 과학자들은 유적 토양 속 성분, 꽃가루 등을 분석해 극심한 가뭄과 기온 저하로 아카드 제국이 멸망했다고 추측했다.

바빌로니아는 기원전 2000년경부터 기원전 1600년경까지 전성기를 누렸지만, 소아시아에서 일어난 히타이트에 멸망했다. 이에 대해 고고학자들은 당시 극심한 건조기후가 영향을 주었다고 설명한다. 기원전 1600년경 바빌로니아 지역이 지금의 중동처럼 모래바람이 날리는 지역으로 변했기 때문이다. 바빌로니아를 점령했던 히타이트도 기원전 1200년경에 멸망했다.

히타이트의 뒤를 이어 아시리아 제국이 기원전 9세기부터 영토를 크게 넓혔다. 기원전 7세기 초 역사상 가장 큰 제국을 건설한 아시리아는 기원전 612년에 갑자기 멸망했다. 미국, 터키 등의 과학자들이 당시 호수 퇴적물, 곡식 등을 분석한 결과 기원전 7세기 아시리아가 몹시 가물었음을 밝혀냈다. 연구진은 가뭄이 극심한 시기에 반란, 봉기, 속국의 독립 선언이 이어져 갈등이 커지면서 제국이 멸망했다고 분석했다.

## 로마·마야·잉카 제국을 지배한 기후

4대 문명 이후에 탄생한 여러 문명의 흥망도 기후변화와 밀접하게 관련되어 있다. 먼저 기원전 8세기 무렵 시작된 로마 제국을 살펴보자. 로마는 이탈리아 중심부를 지배했는데, 이곳은 밀 같은 다수확 작물보다 올리브, 포도 같은 과수를 키우기에 적합했다. 하지만 이것만으로 부족하자 로마인은 외부로 눈을 돌려 외국 문물을 받아들이고 지중해 정복 전쟁에 나서 그리스, 소아시아(튀르키예), 아르메니아, 레바논, 시리아, 이집트, 갈리아(프랑스), 브리타니아(영국) 등을 정복했다. 이때 로마 정치는 왕정, 공화정, 제정을 거쳤다. 미국의 인류학자 캐럴 크럼리는 지난 3000년간 유럽의 기후변화를 추적했다. 그 결과 로마 제국이 영토를 확장하고 로마 문명이 발전한 시기에는 여름에 시원하고 겨울에 온화하며 비가 많았음이 밝혀졌다. 알프스 북부가 지금보다 더 따뜻했고 북아프리카에 습한 기후가 오래 계속되었다. 그 덕분에 북아프리카가 로마 제국의 곡식 창고가 되었다.

하지만 좋았던 기후가 4세기 들어 춥고 건조해지자 북아프리카는 땅이 메마르기 시작했고, 로마인은 추위와 굶주림, 질병에 시달렸다. 게다가 게르만족이 중앙아시아 일대의 극심한 가뭄 때문에 동쪽의 유목민족인 훈족에게 쫓기자 서쪽으로 대이동을 시작하면서 서로마 제국은 멸망했다. 《문명의 충돌(The Clash of Civilizations)》을 쓴 미국의 석학 새뮤얼 헌팅턴은 이처럼 기후변화로 일어난 민족 대이동이 로마의 멸망을 불러왔다고 주장했다.

기원전 2500년경 시작된 마야 문명은 중앙아메리카의 멕시코, 과테말라, 엘살바도르 지역을 중심으로 번성했다. 거대한 도시에 석조 궁전, 피라미드 형식의 사원, 천문대 등을 세웠으며, 관개 시설과 우물까지 모두 갖추었다. 8세기경에는 인구가 1500만 명에 달할 만큼 거대한 왕국을 이루었다. 하지만 마야 문명은 10세기경 순식간에 멸망했는데, 그 이유는 고고학계에 미스터리로 남아 있다. 그동안 다양한 주장이 제기되었지만 확실한 근거가 없었다.

그렇다면 마야 문명이 멸망한 원인은 무엇일까. 그 실마리는 2013년 국제저널 《네이처 지오사이언스》에 실린 논문에서 찾을 수 있다. 여기에는 전 세계 24개국 과학자 78명이 2006년부터 7년간 '과거 지구 변화(Past Global Changes 2000)' 프로젝트를 진행해 2000년간의 지구 기온 변화를 연구한 결과가 담겼다. 이를 보면 매우 수준 높게 번영했던 로마 문명, 마야 문명, 잉카 문명의 흥망은 기온, 강수량 같은 기후 요소와 긴밀한 관계가 있다. 과학자들은 역사 기록과 함께 꽃가루, 나이테, 얼음 단면, 호수나 해양 침전물, 동굴 석순, 산호 등의 자료를 분석해 당시 연평균 기

잉카 문명의 대표 유적인 마추픽추. 잉카 문명은 기온이 온화한 13세기 이후 남미 안데스 지방에서 번성해 대제국을 이루었다(그림 7).

온, 여름철 기온, 강수량 등의 변화를 밝혀냈다. 특히 마야 문명이 발달했던 멕시코 지역에서는 10세기 이전 수백 년간 기온이 떨어지고 가뭄이 지속되어 농사를 지을 수 없게 되자 사회는 불안해져 국가가 기울었다. 10세기 중반 마야 제국의 인구는 10%로 대폭 줄어들었다. 100년 뒤 다시 멕시코와 중미 지역에 비가 많이 내리고 기온이 올라 숲이 우거졌지만, 마야인은 이미 제국의 도시를 버리고 떠난 뒤였다.

유럽 문명의 역사는 기후변화와 연관이 깊음을 보여준다. 로마 문명의 전성기에는 비가 많이 내리고 따뜻한 날씨가 이어졌던 것으로 밝혀졌다. 예를 들어 로마 시대인 서기 21~80년의 기온은 1971~2000년보다 더 높았다. 하지만 4~5세기 게르만족 대이동, 14세기 흑사병 창궐, 1618~1648년 30년 전쟁 등으로 어려운 시기에는 기후가 좋지 않았다.

북미 지역에서도 따뜻하고 비가 많이 내리는 시기에 옥수수 수확량이 많아지고 숲 면적이 늘어나면서 인디언 원주민 인구가 늘었다. 하지만 13세기에 갑자기 북미의 모든 문명이 멸망했다. 그 이유로 과학자들은 북미 지역의 기후가 춥고 건조해졌기 때문이라고 밝혔다. 북반구와 달리 남반구에서는 12~14세기에 기온이 올라갔다. 13세기 이후 약 200년간 남미 안데스 지방(지금의 페루와 볼리비아 지역)에서 번성한 잉카 문명은 남북으로 4000km가 넘게 이어지는 대제국을 이룩했다. 물론 잉카 제국이 멸망한 것은 기후변화가 아니라 스페인 침공 때문이었다.

# 5

# 산업혁명 때 도대체
# 무슨 일이 있었나

## 석탄과 석유는 과거 생물 잔해에서 생성된 화석 연료

이산화탄소로 대표되는 온실가스는 석탄, 석유 같은 화석 연료를 연소할 때 나온다고 알려져 있다. 이것이 온실가스 배출을 막으려면 화석 연료 사용량을 줄여야 한다고 주장하는 이유다. 화석 연료는 아주 오래전 지구상에 살았던 생물의 잔해로 생겨난 에너지 자원이며, 지하에서 형성되므로 지하자원이다.

먼저 석탄은 대부분 수억 년 전 거대한 열대 밀림 지대에서 번성한 양치식물에서 유래했다. 양치식물은 고사리, 석송과 같은 종류의 식물로 당시에는 키가 50m를 넘을 정도로 엄청나게 큰 종도 있었다. 고생대 석탄기 초기에 출현해 물과 양분의 이동 통로인 관다발을 갖춘 덕분에 육지를 지배했다. 과거의 식물이 죽은 뒤 땅속에 묻혀 그 유해가 변형된 암석이 바로 석탄이다. 식물의 유해는 열과 압력을 받으면 산소, 수소 등이 천천히 빠져나가고 탄소만 남는데, 이것이 단단해지면 석탄이 된다. 석탄은 지질시대 명칭을 따올 만큼 석탄기의 대표적 암석이다. 전 세계 산출량의 3분의 1 이상이 고생대에 형성되었으며, 그중에서도 석탄기에 가장 많이 만들어졌다.

사실 석탄은 인간이 오래전부터 사용하던 자원이다. 중국에서는 3100여 년 전 석탄을 캐내 사용했다는 문헌 기록이 남아 있고, 서양에서도 로마 시대부터 석탄을 이용할 줄 알았다. 기원전 315년 그리스 과학자 테오프라스토스가 쓴 저서 《돌에 대해(On Stones)》에는 '암석 중에 연소되는 것이 있어 금속을 녹이는 데 사용할 수 있다'는 내용이 있다. 유럽에서는 11~12세기부터 사용되었지만 18세기 산업혁명 때부터 주목받았다.

한편 석유는 주로 따뜻한 바다에 살았던 미생물의 잔해가 열과 압력을 받아 변화된 것이다. 땅속 중생대층과 고생대층에서 발견되며, 탄화수소를 주성분으로 하는 가연성 기름이다. 먼 옛날 사람들이 땅에서 스며 나오는 검은 액체를 발견했는데, 그리스인은 이를 '석유'라고 했다. 불이 잘 붙어서 고래기름 대신 등잔(램프)에 넣어 사용했다. 석유는 중동 지방에 가장 많이 매장되어 있지만, 1859년 세계 최초로 미국 펜실베이니아주 유정에서 석유를 산출했다. 그 뒤 석유는 증기기관은 물론 자동차, 트럭 등의 내연기관까지 폭넓게 쓰이고 있다.

## 영국에서 전 세계로 퍼져 나간 산업혁명

인류는 18세기 산업혁명 때부터 석탄과 같은 화석 연료를 본격적으로 사용했다. 산업혁명은 기술 혁신에 따라 생산력이 크게 증대되고 그 영향으로 농업사회가 공업사회로 바뀐 변혁이다. 이전까지 사람이나 가축의 힘, 풍력이나 수력, 땔나무 같은 제한된 에너지를 사용하다가 석탄을 연료로 사용하는 증기기관이 등장한 덕분이다.

산업혁명은 영국에서 먼저 일어났다. 영국은 풍부한 지하자원인 석탄을 이용해 증기기관을 움직이고 새로운 기계와 결합했다. 먼저 새로운 기계를 제작하는 데 필요한 철을 제련했다. 여기에는 1709년 영국의 제철업자 에이브러햄 다비가 발명한 코크스 제철법이 기여했다. 석탄을 이용해 철을 만들 때 황과 같은

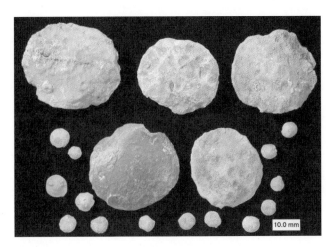

유공충 화석. 유공충과 같은 원생동물이 대량으로 쌓여 액화되면 석유가 된다
(그림 8).

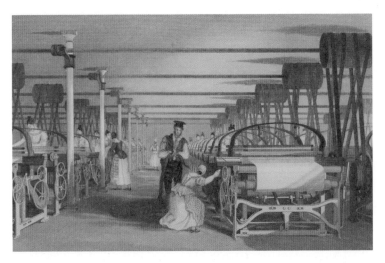

1835년의 역직기. 산업혁명 시기에 영국에서는 석탄을 원료로 증기기관을 돌리면서 방적기,
역직기 같은 기계를 이용해 면직물과 면제품을 대량 생산했다(그림 9).

불순물이 들어가 철의 품질을 떨어뜨리는 문제가 있었는데, 다비는 이 문제를 해결하고자 석탄을 고열로 가열해 황과 수분 등의 불순물을 없애고 구멍이 많은 고체 탄소 연료 코크스를 만들었다. 그리고 크기가 적절한 용광로에서 코크스를 연료로 삼아 철을 대량 생산하는 방법을 개발했다. 그 덕분에 대규모 용광로의 시대가 열렸고, 영국은 세계 철강 생산을 이끌었다.

당시 영국은 석탄만 있으면 필요한 곳에 증기기관을 동력으로 공장을 세웠다. 기계 여러 대가 굴대와 벨트로 증기기관과 복잡하게 연결되어 작동했다. 대표적으로 방적 기계를 발명해 공장에서 면제품을 대량으로 생산했다. 이렇게 면공업에서 시작된 혁명은 석탄, 제철, 운송 등과 관련된 다른 분야로 퍼지면서 소비물자의 양이 늘고 질 또한 좋아져 생활 수준이 높아졌다.

영국에서 일어난 산업혁명의 불길은 벨기에, 프랑스, 독일 등을 포함한 유럽 대륙을 거쳐 미국, 러시아 등으로 퍼져 나갔고, 20세기 후반에는 동남아시아, 아프리카, 라틴아메리카까지 확산되었다. 산업혁명으로 인류의 물질 생산능력이 크게 높아져 현재 자본주의 문명의 기초를 만들었다는 평가도 나온다.

하지만 이에 따른 문제도 발생했다. 산업혁명을 계기로 세계 각국에서는 석탄, 석유 같은 화석 연료를 많이 사용했는데, 이 과정에서 온실가스인 이산화탄소가 많이 배출되었기 때문이다.

산업혁명 이후 대기 중에 이산화탄소를 비롯한 온실가스 농도
가 크게 높아졌다.

## 화석 연료를 태우면 왜 이산화탄소가 나올까

아는 것이 **힘**

석탄, 석유, 천연가스 같은 화석 연료를 태우면 왜 이산화탄소가 나
올까? 먼저 연소가 무엇인지 이해해야 한다. 기본적으로 어떤 물질
을 태우는 반응을 연소라고 하는데, 연소는 산소와 반응시키는 과
정이다.

화석 연료는 구조가 매우 복잡하지만 기본적으로 탄화수소 화합물
이다. 탄화수소는 탄소와 수소로만 이루어진 화합물이다. 석탄은
주성분인 탄소, 수소에 산소, 황 등이 들어 있는 고체(암석)이고, 석
유는 주성분인 탄소, 수소에 질소, 황, 산소 등을 함유한 액체이다.
탄화수소 중에서 가장 간단한 것이 탄소 1개와 수소 4개로 이뤄진
메탄($CH_4$)이다. 메탄은 화석 연료 중 하나인 천연가스의 주성분이
기도 하다. 메탄을 연소시키면, 즉 산소와 반응시키면 이산화탄소
와 물(수증기)이 나온다. 메탄뿐만 아니라 다른 탄화수소 화합물의

연소 반응에서도 마찬가지로 이산화탄소와 물이 생성된다. 따라서 화석 연료를 연소시키면 당연히 이산화탄소가 발생한다.

# 6

# 온실 효과는
# 착한 효과인가

## 지구 생명체에 필요한 태양과 대기
## 그리고 온실 효과

지구에는 인간을 비롯한 수많은 생명체가 살고 있다. 이 생명체에 필요한 에너지를 제공하는 원천이 바로 태양이다. 태양은 1초에 50억 명이 약 1000만 년간 사용할 수 있는 어마어마한 에너지($4 \times 10^{26}$J)를 쏟아낸다. 지구는 태양에서 1억 5000만km 떨어져 있어 이 에너지 가운데 20억분의 1 정도밖에 받아들이지 못하지만, 그럼에도 태양이 한 시간 동안 지구 표면에 전하는 에너지의 양은 엄청나다. 이 에너지의 양이 인류가 1년간 사용하는 에너지에 맞먹을 정도이다.

태양에서 지구에 다다른 에너지가 모두 지구로 들어오지는 못한다. 그중에서 약 30%는 지표, 대기, 구름에 직접 반사되어 우주 공간으로 되돌아가고 나머지 70% 정도가 대기, 육지, 바다에 흡수된다. 이렇게 들어온 태양에너지 덕분에 식물이 광합성해서 생물의 먹이가 만들어지고, 물이 증발해 순환하는가 하면 바람이 불거나 고기압이 생겨난다. 무엇보다 바다와 육지에 스며든 태양에너지 덕에 지표의 평균 온도가 14℃로 유지되는데, 이는 육지에서 지표 부근의 기온과 해수면 수온의 평균을 뜻한다.

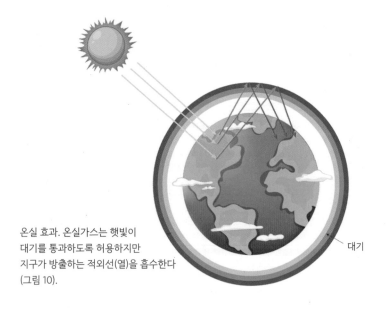

온실 효과. 온실가스는 햇빛이 대기를 통과하도록 허용하지만 지구가 방출하는 적외선(열)을 흡수한다 (그림 10).

대기

사실 지구의 대기가 이 과정에서 큰 역할을 한다. 만약 지구에 대기가 없다면 태양에서 받는 에너지는 고스란히 다시 우주로 빠져나가기 때문이다. 과학자들은 지구에 대기가 없다면 지구 표면 온도가 -19℃까지 내려갈 것이라고 예상한다. 그러면 우리는 매일 역대급 강추위에 시달리며 살아야 한다.

대기가 없는 달을 살펴보면 좀 더 쉽게 이해할 수 있다. 달 적도에서 온도는 햇빛이 비치는 낮에 117℃까지 높아졌다가 햇빛이 사라지는 밤에 -173℃로 크게 떨어진다. 대기가 없는 달에서는 온도 차가 극적으로 나타나는 것이다. 그러니 당연히 생명체의 생존은 불가능하다. 이 정도까지는 아니나 지구 평균 온도도 대기가 있고 없음에 따라 30℃ 이상 차이가 난다. 이 차이가 생기는 이유가 바로 '온실 효과' 때문이다.

## 19세기에 처음 제안된 온실 효과

19세기에 프랑스의 과학자 조제프 푸리에가 온실 효과라는 개념을 최초로 제안했다. 푸리에는 지구 기온을 결정하는 요인을 연구하다가 지구가 태양에서 계속 에너지를 받는데도 왜 일정한 온도보다 높아지지 않는지를 고민했다. 그는 지구 대기가

온실 효과의 개념을 처음 제안한
조제프 푸리에(그림 11).

온실 유리와 같은 역할을 한다고 결론을 내렸고, 1824년 지구 대기와 기온을 연구한 논문을 발표했다. 이 논문에서 푸리에는 온실가스에 해당하는 기체를 구체적으로 언급하지는 않았지만, 지구 대기의 온실 효과를 비교적 상세히 설명했다. 즉 태양에너지가 지구 대기에 의해 머물게 되면서 지구 온도가 태양에서 오는 에너지에 따른 온도보다 높다는 이론을 제시했다.

지구는 에너지를 태양에서 받은 만큼 다시 내놓아 균형 상태를 유지하는데, 이를 '복사 평형'이라고 한다. 지구에 다다른 태양에너지 중 지구에 흡수되는 70% 가운데 50%는 육지나 바다에 흡수되고 나머지 20%는 대기에 흡수된다. 이렇게 흡수된 에너지는 지표에서 적외선(열선)으로 방출된다. 이때 지표에서 나오는 에너지 중 일부는 대기 중의 수증기, 이산화탄소 같은 온실가스에 흡수되나 온실가스가 이를 다시 내놓으면서 지구가 더 따뜻해진다. 지구 대기가 바깥으로 나가는 에너지를 붙잡아서 온도가 높아지는 셈인데, 이것이 바로 온실 효과이다.

온실 효과 덕분에 지구 표면의 평균 온도는 -19℃가 아니라 14℃로 유지될 수 있다. 기본적으로 지구에 대기가 존재해 나타나는 자연적인 온실 효과는 지구 평균 온도를 14℃로 유지해 주므로 인간을 비롯한 생명체에게 고마운 '착한 효과'라고 할 수 있다. 온실가스는 대기에 적절한 양으로 있을 때는 이처럼 고마운 존재로 작용하지만, 너무 많이 배출되면 골칫덩어리로 바뀌어 여러 가지 문제를 일으킨다.

## 온실의 효과가 온실 효과?

지구 대기가 온실의 유리(또는 비닐)처럼 작용한다고 해서 이를 '온실 효과'라고 한다. 그럼 실제 온실은 어떨까? 온실 내부에 있는 땅이 햇빛을 흡수해 온도가 높아지면 주변 공기가 데워지고, 이렇게 데워진 공기가 퍼져 나간다. 이때 온실의 유리(또는 비닐)가 데워진 공기가 바깥으로 빠져나가는 것을 막아 온실 내부의 온도가 올라간다. 그런데 대기에서 일어나는 온실 효과는 온실에서 나타나는 작용과 조금 다르다. 대기가 지표에서 방출되는 열에너지(적외선)가 바깥으로 탈출하기 전에 흡수하므로 그 에너지가 대기에 남아 기온이 올라가며, 이 현상을 온실 효과라고 한다. 물론 열에너지 자체가 외부로 빠져나가지 않아 온도가 높아진다는 점에서는 결과가 같다.

대기에서 일어나는 '온실 효과'는 온실에서 나타나는 작용과 조금 다르다.
사진은 영국 서리에 있는 온실(그림 12).

# 지구온난화를
# 증명하고 경고한
# 과학자들

## 푸트와 틴들, 온실 효과를 실험으로 밝히다

온실 효과라는 개념은 프랑스의 푸리에가 처음 제시했으나,
온실 효과를 실험으로 처음 밝힌 사람은 미국의 여성 과학자 유
니스 뉴턴 푸트이다. 1856년 푸트는 공기펌프를 이용해 여러 기
체를 추출한 뒤 실린더(용기)에 담고 햇빛을 비추는 실험을 했는
데, 그 결과 이산화탄소를 포함한 용기는 다른 기체가 든 용기보
다 온도가 더 올라가고 더 빨리 식는다는 사실을 발견했다. 푸트
는 이산화탄소와 수증기가 다른 기체보다 열을 더 많이 흡수해

온실가스가 적외선을 흡수한다는
실험적 증거를 제시한 존 틴들(그림 13).

지구의 온도를 높일 수 있다는 가설을 제시했다. 푸트는 온실 효과와 관련한 연구 결과를 과학저널에 발표했지만, 여성이라는 이유로 학계에서 주목받지 못했다.

1859년 아일랜드의 물리학자 존 틴들도 기체의 적외선(열) 흡수 정도를 측정하는 기구를 고안해 다양한 기체의 열 흡수 현상을 연구했다. 틴들은 수증기, 이산화탄소 등의 온실가스가 적외선을 흡수한다는 실험적 증거를 제시하며 온실가스가 열을 가두는 효과, 즉 온실 효과가 있음을 입증했다. 틴들은 만약 온실 효과가 없다면 지구에서 열에너지가 모두 달아나 땅이 얼어 버릴 것이라고 예상했다. 1882년 12월 영국의 과학저널 《네이처》가 그의 연구를 인용하면서 온실 효과는 점차 학계에서 인정받기 시작했다.

## 아레니우스, 대기 중 이산화탄소가 온실가스!

스웨덴의 화학자 스반테 아레니우스는 인류가 발생시킨 대기 중의 이산화탄소가 온실 효과를 일으킬 수 있다는 사실을 처음 지적했다. 그는 과거에 빙하기가 생긴 원인을 연구하다가 이산화탄소 같은 온실가스의 양이 적어서 빙하기가 왔다고 생각했다. 아레니우스는 화석 연료를 태울 때 나오는 이산화탄소의 농도 변화가 지구 평균 기온에 어떤 영향을 미칠지를 구체적으로 계산하고 논문으로 집필하여 1896년 스톡홀름 물리학회에서 발표했다. 즉 화석 연료로 대기 중 이산화탄소의 농도가 2배 높아지면 기온이 5~6℃ 올라갈 것이라는 결론을 내렸다. 지구온난화의 토대가 되는 이론을 제안한 것이다. 실제로 그는 논문에 '인간이 발명한 기계가 석탄을 태워 지구 전체를 데우고 있다'는 내용을 담았다.

특히 아레니우스는 지구를 온실에 비유하면서 이산화탄소에 온실가스라는 단어를 처음 사용했다. 그는 대기가

이산화탄소에 온실가스라는 단어를 처음 사용한 스반테 아레니우스 (그림 14).

온실 유리 역할을 하므로 지금보다 이산화탄소가 2배 더 배출되면 북극 얼음이 녹을 것이라고 예상하기도 했다. 아레니우스는 복잡한 기후변화 모델링이나 슈퍼컴퓨터 없이도 단순히 노트와 연필만으로 이산화탄소 농도가 높아지는 폭에 따라 온도가 얼

마나 상승할지를 비교적 정확히 예측했다. 그는 또한 대기 중 이산화탄소의 양이 지금의 절반으로 줄어든다면 기온이 5℃ 정도 낮아질 것이라고 밝히기도 했다.

## 캘린더와 킬링, 대기 중 이산화탄소 증가를 측정하다

20세기에 들어서면서 과학자들은 대기 중 이산화탄소를 좀 더 구체적으로 연구하기 시작했다. 영국의 가이 스튜어트 캘린더는 초창기 기후변화 연구에 크게 공헌했다. 증기기관을 설계하는 공학자이자 아마추어 기상학자였던 그는 매일 날씨를 관측하고 분석하는 데 관심이 많았다. 전 세계 147개 지역의 기상 관측 자료를 수집해 분석하던 캘린더는 1938년 영국 기상학회에서 세계 전역의 온도 기록을 논문으로 정리해 발표했다. 그는 이 논문에서 산업활동으로 배출된 온실가스인 이산화탄소가 지구 온도를 높이는 역할을 한다고 주장했다. 또한 그는 온실 효과로 기후변화가 당시에도 진행되고 있었으며, 이런 기온 상승이 100년 전부터 진행되어 이산화탄소 농도가 이전보다 10% 정도 높아졌다고 밝혔다. 이처럼 캘린더는 인간의 산업 활동으로 대기 중 이산화탄소가 증가해 지구온난화가 일어난다는 사실을 처음 제기했다.

과연 대기 중 이산화탄소는 증가하고 있을까? 미국의 찰스 킬링은 이를 확인하려고 1958년부터 매일 대기 중 이산화탄소 농도를 측정했다. 그는 방해 요소를 최대한 줄이고자 하와이 마우나로아의 해발 3340m에 기상 관측소를 설치했다. 킬링은 이 관측으로 대기 중 이산화탄소 농도 변화에 대해 두 가지 사실을 알아냈다. 먼저 그는 대기 중 이산화탄소 농도가 시간적·계절적 요인에 따라 약간씩 변한다는 사실을 확인했다. 즉 식물이 낮에 이산화탄소를 흡수하고 밤에 배출하기 때문에 밤에 채취한 공기 중 이산화탄소 농도가 낮에 측정한 것보다 높았다. 계절별로는 식물이 생장하는 시기인 봄에 이산화탄소를 많이 내보내 이산화탄소 농도가 가장 높고, 광합성을 하지 않는 시기인 가을이나 겨울에 이산화탄소 농도가 가장 낮아지는 현상을 발견했다.

나머지는 대기 중 이산화탄소의 증가에 관한 것이다. 관측을 시작한 지 3년째인 1961년 킬링은 대기 중 이산화탄소 농도가 시간적·계절적 변동을 제외하고도 해가 갈수록 점차 높아진다는 결과를 얻어냈다. 이후 이산화탄소 농도가 해마다 높아지는 양상을 보여주는 그래프는 '킬링 곡선'이라고 불리게 되었다. 그는 1958년부터 2005년 죽을 때까지 무려 50여 년 동안 이산화

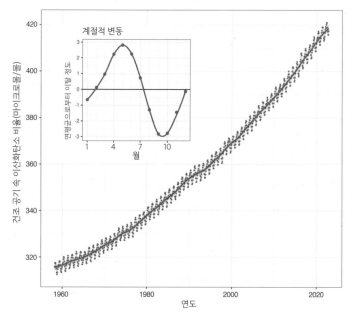

월평균 이산화 농도(마우나로아 1958~2022년)

킬링 곡선. 1958년 이래 미국 하와이 마우나로아에서 관측한 대기 중 이산화탄소 농도 변화를 보여준다(그림 15).

탄소를 측정했다. 킬링의 연구를 따르면 대기 중 이산화탄소 농도는 1958년 315ppm(ppm은 100만분의 1을 뜻하는 단위. 대기 오염도나 수질 오염도를 나타낸다)에서 2005년 380ppm으로 증가했는데, 이는 화석 연료 사용에 따른 이산화탄소 배출과 관련이 있는 것으로 나타났다.

# 월러스 브로커,
## 지구온난화를 처음 입증하고 경고하다

지금이야 지구온난화를 당연하게 받아들이지만, 1970년대 이전까지는 지구온난화와 냉각화라는 상반된 견해가 격렬하게 대립했다. 1970년대 중반에는 지구가 식고 있다는 주장이 우세했다. 실제로 관측 데이터를 모으기 시작한 1940년대 이후 당시까지 지구 온도가 0.4℃가량 내려가는 경향을 보였기 때문이다. 1974년 시사주간지《타임》이나《뉴스위크》같은 언론은 각각 '또 하나의 빙하기(Another Ice Age)', '냉각된 세계(The Cooling World)'라는 제목으로 새로운 빙하기를 우려하는 기사를 앞다퉈 내보냈다. 이런 분위기에서 그해 말 미국 국립과학아카데미(NAS, National Academy of Sciences)는 〈기후변화에 대한 이해(Understanding for Climate Change)〉라는 제목의 보고서를 발표하며 좀 더 지켜보자는 태도를 보였다. 기후 메커니즘을 잘 알지 못하는데 근본적 이해 없이 기후 추이를 예측할 수 없다는 뜻이었다.

학계에서조차 명확히 결론을 내리지 못하던 당시에 미국의 해양·지구과학자 월러스 브로커가 지구온난화를 주장하는 연구 결과를 공개했다. 1975년 8월 미국 컬럼비아대학교 라몬트·도허티 지구관측소의 월러스 브로커가《사이언스》에 〈기후변

화: 확연한 지구온난화에 직면해 있나?(Climatic Change: Are We on the Brink of a Pronounced Global Warming?))라는 제목의 논문을 실었다. 그는 이 논문에서 처음 지구온난화라는 말을 사용하며 이를 데이터로 입증했다. 1장에서 언급되었던, 바다에 사는 유공충이라는 원생동물(하나의 세포로 이루어진 생물)의 껍질을 연구해 과거 기온 변화를 분석한 뒤 이를 바탕으로 인간 활동에 따른 기온 상승 가능성을 주장하는 논문을 발표한 것이다.

유공충은 물, 이산화탄소 등을 활용해 탄산칼슘으로 구성된 껍질을 만들어내는데, 브로커는 이 껍질에 포함된 산소에 주목했다. 사실 물 분자에 포함된 산소에는 무거운 종류도 있고 가벼운 종류도 있다(이를 산소 동위원소라고 한다). 이탈리아의 고기후 학자 체사레 에밀리아니는 바닷물의 온도가 높을수록 유공충이 만든 껍질에 무거운 산소의 비율이 낮아진다는 사실을 알아냈다. 이 사실에 근거해 유공충 껍질의 산소 비율을 분석하면 과거의 바닷물 온도를 추정할 수 있었다. 브로커는 남극의 얼음과 대양 밑바닥 퇴적층에서 채취한 유공충 껍질 속 탄산칼슘의 산소 동위원소 비율을 분석해 지질시대 이후 바닷물 온도와 기후변화를 추적했고, 산업혁명 이후 인류가 배출한 온실가스 때문에 바다의 탄소 흡수 능력이 떨어져 결국 21세기 지구온난화를 일으키고 심화할 것이라고 주장했다.

브로커는 지구온난화라는 말을 일상에서 사용하도록 널리 알렸고, 기후를 '성난 짐승'에 비유하기도 했다. 그는 1984년 미국 하원 기후소위원회 초청 연설에서 "지금처럼 화석 연료를 태워 이산화탄소 등 온실가스를 대기에 마구 버린다면 파국적 결말을 맞을 수 있다. 우리는 지금 기후 시스템이라는 '성난 짐승'을 데리고 장난을 치고 있는 셈이다"라고 했다. 그는 해류가 기후변화에 미치는 영향을 '지구 컨베이어 벨트'라는 절묘한 말로 표현하기도 했다.

# 금성에서 온 여자
# 화성에서 온 남자

## '전쟁의 신' 화성 대 '미의 여신' 금성

　남자와 여자는 사고방식, 언어, 행동 등 많은 점에서 화성과 금성에서 온 존재만큼 서로 다르다는 관점을 보여주는 책이 있다. 미국의 작가이자 관계 상담 전문가인 존 그레이가 쓴 《화성에서 온 남자 금성에서 온 여자》다. 천문학적으로 보면 화성과 금성은 지구와 같은 지구형 행성에 속해서 서로 비슷할 것 같지만, 사실은 여러모로 다르다.

　붉은빛을 띠어 '전쟁의 신' 마르스라 불리는 화성은 지구에 가까이 있어 항상 주목의 대상이었다. 화성은 하루가 지구와 비슷하고 사계절도 있다. 20세기 초까지 대운하를 건설하는 화성인의 존재를 상상하기도 했다. 과거에 물이 풍부해 생명체가 있을 것이라고 기대되었지만 아직 생명체의 흔적은 발견되지 않았다. 다만 지구보다 크기와 중력이 작고 대기가 희박하다.

샛별처럼 빛나 '미의 여신' 비너스라 불리는 금성은 질량이나 크기가 지구와 비슷하다. 금성은 대기가 상당히 짙은 덕에 태양빛을 반사해서 밝게 빛난다. 대기가 두껍기도 하지만 지구보다 태양에 더 가까이 있어 태양에너지를 더욱 많이 받아 평균 온도가 납을 녹이고도 남을 만큼 높다 보니 생명체를 기대하기 힘든 환경이다.

## 화성의 이산화탄소 대 금성의 이산화탄소

온실가스의 역할이라는 관점에서도 화성과 금성은 시사하는 바가 다르다. 화성과 금성에도 대기가 존재하지만 지구와는 상황이 상당히 다르며, 화성과 금성 둘 다 이산화탄소 같은 온실가스가 있지만 그 양에서 차이가 많아 온실 효과의 차이도 크다.

화성은 지구보다 태양에서 멀리 떨어져 있어 태양에너지를 적

금성은 온실 효과 폭주가 일어나
표면 온도가 470℃나 된다(그림 16).

게 받는다. 또 지구보다 중력이 약해 대기를 잡아두기 힘드므로 대기가 매우 희박하다. 지표 부근의 대기압은 약 0.006기압인데, 이는 지구의 0.75%에 지나지 않는다. 화성의 대기는 이산화탄소가 95%에 이르며 질소가 3%, 아르곤이 1.6% 정도를 차지한다. 이산화탄소가 있으나 그 양이 너무 적어 화성에서 나오는 열에너지는 대부분 우주 공간으로 빠져나간다. 이 때문에 화성은 표면 온도가 영하 65℃인 차가운 행성이 되었다.

반면 금성은 전파나 적외선이 아니면 표면을 관측할 수 없을 정도로 대기가 두껍다. 금성의 대기는 90기압에 이를 정도로 짙다. 이는 지구에서 수심 900m의 바다에 들어갔을 때 느끼는 압력과 맞먹는 정도이다. 금성의 대기는 96.5%가 이산화탄소이며,

나머지는 대부분 질소이다. 대기 중에 있는 이산화탄소가 표면에서 우주로 탈출하는 에너지를 대부분 흡수하다 보니 금성은 평균 온도가 470℃나 되는 무척 뜨거운 행성이 되었다.

## 지구의 온도 조절법

지구는 '이산화탄소 순환'으로 온도를 자율적으로 조절한다. 즉 이산화탄소가 화산에서 분출되어 대기로 유입되며, 대기 중 이산화탄소는 비가 올 때 물에 녹아 바다로 들어가거나 바다 밑에서 탄산염암이 되어 지각 아래 맨틀로 가라앉으면서 지구 내부로 되돌아간다. 지구 온도는 대기 중 이산화탄소의 양에 민감하므로, 이런 이산화탄소 순환은 긴 시간 온도 조절 장치로 작동한다.

지구 온도가 어떻게 자율적으로 조절되는지 구체적으로 살펴보자. 예를 들어 지구 온도가 현재보다 조금 오른다면 어떤 일이 벌어질까. 온도가 올라가면 바다에서 증발이 많아져 강수량이 늘어난다. 비나 눈이 내릴 때 대기 중에서 이산화탄소가 줄어들어 온실 효과가 약해진다. 결국 지구 온도가 다시 내려가 원래대로 돌아간다. 반대로 지구 온도가 현재보다 조금 내려간다면 어

지구의 탄소 순환(그림 17).

떨까. 바다에서 증발이 적어져 강수량이 줄어드는데, 강수량이 줄면 대기 중 이산화탄소가 덜 녹아 대기의 이산화탄소 농도가 높아지고 온실 효과가 강화된다. 따라서 지구 온도가 다시 올라가 원래대로 돌아간다. 이렇듯 지구는 온도를 자율적으로 조절한다.

## 온실 효과의 폭주, 금성에 이어 지구에서도?

금성은 지구 바닷속 900m에 맞먹을 정도로 엄청난 압력에 납도 녹일 만큼 뜨겁다. 마치 지옥이 연상된다. 대기는 지구보다 훨씬 두껍다. 대기 중에 이산화탄소가 지구보다 수백만 배 이상 많다. 당연히 온실 효과는 지구보다 훨씬 강하게 일어난다. 금성에서는 대기를 뚫고 들어온 태양 빛이 표면을 가열하는데, 이산화탄소가 담요처럼 표면을 둘러싸 열에너지(적외선)가 우주로 빠져나가지 못해 온도가 치솟은 것이다.

일부에서는 금성이 과거에 지구와 비슷한 상태였다가 현재 지옥과 같이 바뀌었을 가능성을 제기한다. 오래전에 금성은 지구처럼 온도가 적당하고 바다가 있었으며, 이산화탄소는 대부분 바다에 녹아 있거나 지표 암석에 갇혀 있었을 것이다. 만약 대기의 이산화탄소가 많아지거나 태양에서 더 많은 에너지가 방출되어 온도가 조금 높아졌다면 어떤 일이 벌어질까. 이렇게 열에너지가 더해지면 바다에서 더 많은 물이 증발해 대기에 수증기가 증가하고 지표 암석(탄산염암)에서 이산화탄소가 빠져나와 대기로 들어간다. 즉 대기에 수증기, 이산화탄소 같은 온실가스의 양이 늘어난다. 이로써 온실 효과가 강화되므로 금성은 더 가열되고 바닷물 증발과 이산화탄소 방출이 많아져 대기에 온실가스가 더욱 증가한다. 다른 변수가 끼어들지 않는 한 이 과정은 끊임없이 진행된다. 온실 효과가 계속 강화되어 온도 상승은 멈출 수 없다. 이런 상황을 '온실 효과의 폭주'라고 한다.

많은 과학자가 금성에서 온실 효과가 걷잡을 수 없을 정도로 증폭되는 현상이 일어났다고 생각한다. 현재 금성은 대기가 지구처럼 온실 효과가 작은 상태에서 온실 효과가 대규모로 일어나는 상태로 바뀌었다는 뜻이다. 이렇게 변하면 행성 표면은 매우 뜨거운 상태에서 평형을 이루게 된다. 또 온실 효과가 폭주해 과거 금성에 많았던 물도 사라졌다고 추정된다. 즉 바닷물이 증발해 대기에 수증기로 유입되는데, 이 수증기는 태양의 자외선을 받아 수소와 산소로 분해되기 쉽다. 가벼운 수소는 금성처럼 중력이 약한 행성에서는 붙잡혀 있지 않고 우주로 탈출하고, 남은 산소는 지표의 암석과 결합해 버린다. 이 과정은 되돌릴 수 없어 물은 사라지고 만다.

금성은 지구에 일러주는 바가 있다. 행성의 온도가 계속 오르면 대기와 바다에 심각한 영향을 줄 수 있음을 보여주는 사례가 바로 금성이다. 만일 지구에서 인위적으로 온실가스가 많아져 온난화가 심해진다면, 온실 효과의 폭주가 발생할 수 있다. 자칫하면 지구는 온도가 지나치게 높아지고 물은 사라져 생명체가 더는 살 수 없을지도 모른다.

# 2장

# 기후변화를 어떻게 재구성하는가

# 에어컨 없으면
# 못 살아?

## 잠 못 드는 밤 그리고 초열대야

한여름 찜통더위가 한창일 때 누리소통망서비스(SNS)에서 소식을 주고받는 '친구' 중 한 명이 '에어컨은 가족'이라는 글을 올린 적이 있다. 한때 전기요금 폭탄을 걱정하면서 에어컨을 마음대로 틀지 못하기도 했으나 이제 여름마다 에어컨 없이는 살기 힘든 시대가 되었다. 우리나라는 도대체 얼마나 더워진 걸까.

2018년 우리나라에 최악의 폭염이 찾아왔다. 서울은 2018년 여름(6월 1일~8월 31일) 폭염 일수가 무려 35일이나 되었다. 기상

| 순위 | 전국 | | | |
|---|---|---|---|---|
| | 폭염 일수(평년 11.0일) | | 열대야 일수(평년 6.5일) | |
| 1위 | 2018 | 31.0일 | 1994 | 16.8일 |
| 2위 | 1994 | 29.6일 | 2018 | 16.6일 |
| 3위 | 2016 | 22.0일 | 2013 | 14.0일 |
| 4위 | 2013 | 16.6일 | 2022 | 13.2일 |
| 5위 | 1990 | 16.4일 | 2010 | 11.5일 |

전국 폭염 일수와 열대야 일수 순위. 폭염 일수·열대야 일수는 1973년 이후, 45개 지점 전국 평균
(그림 18).

청에서는 일 최고 기온이 33℃ 이상이면 폭염이 나타났다고 보고 그날을 폭염 일수에 포함한다. 2018년 서울의 폭염 일수는 이전에 최악의 폭염으로 기록된 1994년 수치(29일)를 훌쩍 뛰어넘었다. 1973년 이후 45개 기상청 관측 지점의 전국 평균을 봐도 2018년 여름 폭염 일수는 31.0일로 1위를 기록했다. 이는 이전 최악을 기록한 1997년 29.6일을 넘어선 수치다.

기상청에서는 일 최고 기온이 33℃를 웃도는 폭염이 이틀 이상 지속될 것으로 예측될 때 폭염 특보를 발령한다. 즉 낮 최고 기온이 이틀 이상 33℃를 넘어설 것으로 예상될 때 폭염 주의보를 내고, 최고 기온이 35℃를 넘는 상태가 이틀 이상 계속될 것으로 예상될 때 폭염 경보를 내린다.

폭염이 이어질 때는 낮 최고 기온은 물론이고 밤 최저 기온이 관심사가 된다. 열대야, 즉 최저 기온이 25℃를 넘어서는 밤이 계속되면 잠을 설치기 때문이다. 에어컨이 없다면 쏟아지는 땀으로 속옷이 젖고 푹 자기가 어렵다. 여름철 전국 평균 열대야 일수는 2018년 17.7일로 1위를 기록했다. 1994년 17.4일을 넘어선 수치다. 반면 서울의 열대야 일수는 2018년 여름에 29일을 기록했으나 1994년 여름에 기록한 36일은 넘지 못했다. 다만 2018년 서울에서는 7월 21일부터 8월 15일까지 열대야가 계속되었다. 무려 26일간 '잠 못 드는 밤'이 이어진 것이다.

2018년에는 열대야를 훌쩍 뛰어넘는 '초열대야'가 찾아올 정도로 폭염이 맹렬한 기세를 떨쳤다. 초열대야는 밤 최저 기온이 낮 최고 기온과 비슷한 30℃ 이상을 기록할 때를 뜻한다. 그해 8월 1일과 2일 이틀 연속으로 서울의 최저 기온이 30℃ 아래로 내려가지 않았다. 이는 1907년 기상 관측을 시작한 이래 처음 있는 일이었다. 특히 2018년 8월 2일 서울의 최저 기온은 30.3℃였고, 8월 8일 강릉의 최저 기온은 30.9℃를 찍었다. 이 정도라면 '에어컨은 가족'이라는 말이 절로 나올 법하다.

# 기상 관측 역사상 가장 더웠던 해는

한여름 불볕더위는 2018년에 가장 심했지만, 1년 평균 기온은 2016년에 최고치를 기록했다. 기상청을 따르면, 2016년 우리나라 평균 기온이 13.6℃를 나타내 전국적인 기상 관측이 시작된 1973년 이래 최고치를 보였다. 2016년의 고온 현상은 남미 동남부, 태평양과 대서양 일부를 제외하면 전 세계에서 관측되었다. 미국 국립해양대기청(NOAA, National Oceanic and Atmospheric Administration)은 2016년 바다와 육지를 포함한 전 세계 표면 온도가 14.84℃로 기상 관측 역사상 최고치를 기록했다고 발표했다. 이는 20세기 평균인 13.9℃보다 0.94℃ 높은 수치다. 2016년은 인류가 근대적 기상 관측 기록을 남기기 시작한 1880년 이래 가장 무더웠던 해로 기록된 것이다.

2016년에는 각 달의 전 세계 온도가 최고 기록을 세웠다. 먼저 이해 4월은 세계 기상 관측 역사상 4월 기온으로는 가장 높은 달로 나타났다. 이해 여름은 세계 각국이 폭염에 시달렸는데, 특히 7월은 기상 관측 이래 가장 무더운 달로 기록되었다. 2016년 7월의 지구 표면 온도(지표면+해수면)는 16.66℃로 분석되었다. 이는 20세기 평균인 15.8℃보다 0.86℃ 높은 수치다.

하지만 세계 기상 관측 역사상 가장 무더운 달의 기록은 오래가지 못했다. NOAA에 따르면 2019~2021년 7월 지구 표면 온도가 최고치를 잇달아 갱신했으며, 2023년 7월 지구 표면 온도는 16.92℃로 치솟았다. 2023년 7월 지구 표면 온도는 이전의 기록(2021년 7월)보다 0.2℃가 높아졌을 뿐만 아니라 20세기 평균보다 1℃ 이상 높아진 최초의 기록이기도 했다. 특히 2016~2023년의 7월은 기상 관측 역사상 가장 뜨거운 7월 상위 여덟 달에 해당했다.

## 올해가 가장 시원한 해?

지구온난화는 시간이 갈수록 가속되고 있다. 지구는 지난 1만 년 동안 온도가 1℃ 이상 변한 적이 없는데, 지난 100년간 평균 기온이 0.74℃나 높아졌으며, 이 같은 온난화 경향은 점점 심해지고 있다. 예를 들어 세계기상기구(WMO, World Meteorological Organization)가 총 56개국에서 1961~2010년에 하루 최고 기온을 집계한 결과를 살펴보면, 하루 최고 기온의 신기록은 2001~2010년에 관측되었다. 이는 21세기 들어 지구가 한층 뜨거워지고 있다는 뜻이다.

2016년 WMO는 2011~2015년이 인류의 기상 관측 역사상 가장 뜨거웠던 기간이라고 발표했지만, 이후 2015~2019년이 가장

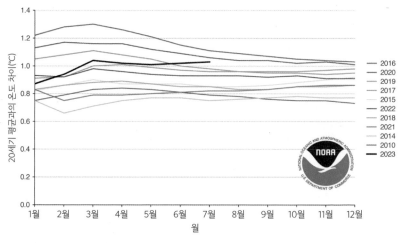

더운 5년으로 드러나 바로 기록이 깨졌다. NOAA에서 분석한 가장 더운 상위 10개 연도를 살펴봐도 이런 경향을 확인할 수 있다. 2023년 7월 현재 가장 더운 해는 2016년이고, 그다음 더운 순으로는 2020년(2위), 2019년(3위), 2017년(4위), 2015년(5위), 2022년(5위), 2018년(7위), 2021년(7위), 2014년(9위), 2010년(10위)이다. 2010년에 태어났다면 관측 역사상 더운 해 10개년 모두를 경험한 것이다.

지구온난화가 이대로 가속된다면 안타깝게도 '올해'가 가장 시원한 해가 될 것이다. 가장 더운 해의 기록이 계속 바뀔 테니 말이다. 물론 새로 태어나는 인류는 더 가혹한 더위를 맛볼 테니 에어컨을 더더욱 소중한 가족 구성원으로 인정해야 할 듯하다.

# 북극곰의
# 눈물

## 북극곰이 멸종 위기에 놓인 이유

초라하게 줄어든 얼음(해빙) 위에 갈 곳을 몰라 멍하니 앉아 있는 동물. 지구온난화로 피해를 보는 대표적 동물이 바로 북극곰이다. 국제 환경단체 그린피스는 북극곰 영상을 제시하며 기후 변화로 위기에 빠진 북극곰을 살리자는 후원을 요청한 바 있다. 2006년 국제북극곰보호단체(PBI, Polar Bear International)는 멸종 위기에 놓인 북극곰을 보존하고자 2월 27일을 '국제 북극곰의 날'로 지정하기도 했다.

굶주린 북극곰. 북극해의 스발바르제도에 사는 일부 북극곰은 지구온난화로 섬 주변의 얼음이 이전보다 빨리 녹는 바람에 충분한 먹이를 찾을 수 있는 북극권 지역으로 이동하지 못하고 있다(그림 20).

북극곰은 세계 최대의 육상 포식동물로 알려져 있다. 몸길이가 2~3m에 이르며 몸무게가 최대 800kg까지 나가기 때문이다. 미국, 캐나다, 러시아, 그린란드 등의 북극권에 살며 바다표범, 물고기 등을 잡아먹는다. 20세기에 시작된 무분별한 대량 포획 탓에 멸종 위기에 놓여 수렵이 금지된 상태다.

북극곰의 세계 최대 서식지는 캐나다 허드슨만이다. 이곳에는 전 세계 북극곰 2만 5000여 마리 중 50% 정도인 1만 2000여 마리가 모여 산다. 북극곰은 이곳에서 가을을 지내며 얼음이 얼기를 기다린다. 얼음을 타고 바다표범 사냥을 떠나기 위해서다. 하지만 최근 지구온난화 때문에 북극권의 얼음(해빙)이 줄어들면서 북극곰이 위험에 빠졌다. 얼음이 사라지면 북극곰이 사냥하기도 어려워진다. 얼음이 얼기를 기다리는 동안 먹이를 충분히 먹지 못해 약해진 몸으로 더 먼 거리를 헤엄쳐 가야 하기 때문이다. 이로써 북극곰은 체격이 1980년대에 비해 작아졌으며 번식률도 낮아지고 있다.

더구나 허드슨만은 얼음이 녹기 시작하는 시기가 앞당겨졌을 뿐 아니라 얼음이 얼어 있는 기간(결빙 기간)도 줄어들었다. 즉 1970~1980년대에는 7월 중순에 이곳 얼음이 녹기 시작했지만, 2000년대 들어서는 한 달가량 이른 6월 중순에 얼음이 녹기 시작했으며, 결빙 기간은 1980년대에 250일 정도에서 2000년대에는 200일 미만으로 줄었다. 만일 이대로 북극권 해빙이 줄어든다면 북극곰은 서식지를 북쪽으로 옮겨야 하고, 결국 멸종해버릴지도 모른다.

## 북극, 남극, 히말라야에서 빙하가 눈물처럼 녹아내려

'북극의 눈물'은 지구온난화로 생기는 북극곰과 같은 동물의 아픔을 뜻하는 데 그치지 않고 지구온난화 탓에 북극의 빙하가 녹아내리는 모습도 나타낸다. 물론 '남극의 눈물'도 있다. 남극에서는 서울 면적보다 10배쯤 큰 '괴물 빙산'이 떨어져 나오고 있다.

지구온난화에 따라 북극과 남극에 있는 빙하가 엄청나게 녹고 있다. 사실 극지 얼음(해빙)은 계절에 따라 늘었다가 줄어드는 과정이 반복된다. 북극에서는 추운 겨울을 지나 3월경 최대치에 도달하고 더운 여름을 거쳐 9월경 최소치를 보인다. 남극 주변에서는 북극에서와 반대의 주기를 따른다.

해빙은 1979년 인공위성을 이용하면서 본격적으로 관측하기 시작했다. 이후 북극해의 얼음 면적은 꾸준히 측정되고 있다. 미국항공우주국(NASA)과 미국 국립빙설자료센터(NSIDC, National Snow and Ice Data Center)를 따르면, 북극해를 덮고 있는 얼음 면적의 역대 최소치는 2012년 9월에 기록한 341만km²였다. 그 뒤로는 2020년 9월 15일에 측정된 북극 해빙 면적 최소치인 341만km²가 차지했다. 분석 결과를 보면 북극해의 얼음 면적은 해마다 줄어들고 있다. 즉 1년 중 북극해 얼음 면적의 최대치는 10년마다 약 13%씩 감소해 왔으며, 최소치는 10년마다 약 2.7%씩 감소해 왔다. 이런 추세를 보이는 이유는 인류가 배출하는 이산화탄소에 의한 지구온난화 때문으로 보인다. 북극은 지구의 다른 지역

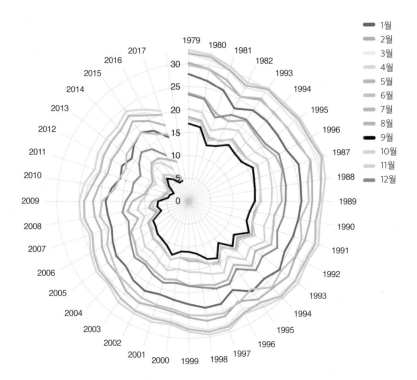

월평균 북극 해빙 부피(1000km³). 1979년 1월부터 2021년 4월까지의 월평균 북극 해빙 부피. 지구온난화로 얼음이 점점 줄어들고 있음을 알 수 있다(그림 21).

에 비해 3배나 빨리 기온이 오르는 것으로 연구되어 있다.

남극 주변의 바다 얼음, 즉 남극 해빙은 어떨까. 남극 해빙은 북극 해빙과 달리 영구 동토 대륙을 둘러싼 남극해의 바닷물이 얼어붙은 얼음판이다. NSIDC의 데이터를 보면, 남극의 해빙 면적이 2022년 2월 23일 193만 7000km²를 나타내며 역대 최소를 기록했다. 1980년 남극 해빙 면적을 측정하기 시작한 지 40년 만에 최소치를 보여준 것이다. 이전의 최저 기록은 2017년 2월 28일 210만 9100km²였는데, 이 수치보다 남한 면적의 1.7배(17만km²) 정도가 더 줄어든 것이다. 전문가들은 남극 해빙이 1990년대보다 3배나 더 빠르게 줄고 있다고 분석했다.

북극과 남극 같은 극지뿐만 아니라 그린란드, 히말라야 등에서도 빙하가 줄어들고 있다. 북극해 근처에 있는 세계 최대의 섬인 그린란드에는 연못이 늘고 있다. 오랫동안 쌓였던 빙하가 빠르게 녹으면서 군데군데 커다란 웅덩이가 생기는데, 이들을 융해 연못이라고 한다. 지구온난화로 시간이 갈수록 점점 더 깊은 연못이 형성된다고 한다. 또한 남극과 북극에 이어 세 번째로 빙하가 많은 히말라야도 위기에 놓여 있다. 국제산지 종합개발센터의 보고서를 보면, 지난 100년간 히말라야·힌두쿠시산맥 일대의 기온이 지구 평균보다 더 빨리 높아졌다. 2019년 인도 연구진이 조사한 결과, 히말라야 빙하가 녹는 속도도 2000년보다 무려 2배나 높아져 매년 50cm에 이르는 것으로 나타났다. 이런 속도로 녹는다면 히말라야의 빙하는 21세기 말에 3분의 2가 사라질 것으로 예상된다.

# 지구온난화로 여섯 번째 대멸종 맞을 수도

지구온난화에 따른 생태계 피해는 멸종 위기에 놓인 북극곰에 그치지 않고 지구 생태계 전체에 막대한 영향을 가하고 있다. 2010년에 발표된 유엔생물다양성협약(UNCBD, UN Convention on Biological Diversity) 보고서를 보면, 지구온난화로 1970~2006년에 지구 생물종의 31%가 멸종했다. 이는 매년 생물 2만 5000~5만 종이 지구상에서 사라지고 있다는 의미다. 또 식물종의 68%, 양서류의 41%, 무척추동물의 30%, 포유류의 25%, 파충류의 22%가 멸종 위기에 놓여 있다고 분석했다.

2019년 제7차 유엔 생물다양성과학기구 총회에서 발표된 〈생물다양성에 관한 정부 간 보고서〉는 2010년 유엔생물다양성협약 보고서보다도 안타까운 내용을 담았다. 동식물 약 100만 종이 수십 년 내에 멸종할 위기에 놓였다는 것이다. 이는 인류 전 역사에서 멸종한 생물종보다 더 많은 숫자다.

2022년 4월 미국 프린스턴대학교 연구진이 《사이언스》에 발표한 논문을 보면, 지구온난화가 지구 생태계에 미치는 영향은 더욱 심각하다. 현재와 같이 지구온난화가 지속된다면 2300년경 해양 생물종이 페름기 말 대멸종에 버금가는 멸종 사태에 처할 것이라고 분석되었기 때문이다. 약 2억 5000만 년 전에 닥친 페름기 말 대멸종은 화산 폭발로 발생한 온난화로 수온이 오르고 산소가 없어지면서 해양 생물종의 90% 이상이 지구에서 사라진 사건인데, 지구온난화로 생물이 여섯 번째 대멸종을 맞이할 수도 있다는 것이다.

프린스턴대학교 연구진은 만일 온실가스 배출량을 줄여 기온 상승을 산업화 이전보다 2℃ 이내로 억제한다면 해양 생물종의 대멸종 위험을 70% 이상 줄일 것이라고 예측했다. 즉 이 시나리오에서는 2100년경 지구온난화가 멈추고 해양 생물종의 약 4%만 멸종되는 수준에서 그칠 것으로 보았다. 인류가 온실가스 배출을 막는 것은 지구 생명체뿐만 아니라 내 생존이 걸린 중대한 일임이 틀림없다.

# 3

# 해수면이 높아지면
# 부산도 위험하다

## 전 세계 해수면, 세기말 최대 2m 상승

지구온난화로 극지의 빙하가 녹고 또 녹는데, 그러다 보면 해수면도 높아진다. 기후변화에 관한 정부 간 협의체(IPCC, Intergovernmental Panel on Climate Change)의 분석 결과를 보면, 지표면의 25% 정도가 얼음에 덮여 있었던 2만 년 전 마지막 빙하기에 비해 현재는 해수면이 100m 이상 높아졌으며, 19세기 말부터 현재까지는 해수면이 20cm 이상 높아졌다.

연구자들은 그린란드 빙하가 모두 녹으면 해수면이 6m 올라가고, 남극의 빙하가 전부 녹으면 해수면이 60m나 상승하며, 전 지구의 빙하가 모두 녹으면 해수면이 66m 정도 솟구칠 것으로 추정한다. 이런 상황이 발생한다면 평균 해발고도가 약 50m인 서울은 일부 고지대를 제외하면 전부 물속에 잠기게 된다. 물론 이렇게 극단적인 상황이 펼쳐지지는 않겠지만, 해수면 상승은 그리 간단히 볼 문제가 아니다.

프랑스 툴루즈대학교 국제 공동연구팀이 전 세계 21만이 넘는 곳의 빙하를 분석해 《네이처》에 발표한 내용을 보면, 21세기 들어 20년간 해마다 빙하가 약 2700억 톤 녹았다고 한다. 이렇게 녹은 물이 전 세계 해수면을 상승시키는 양의 20%를 차지했다고 분석했다. 게다가 지난 10년간 빙하가 녹는 속도는 매년 480억 톤으로 빨라지고 있다.

영국 남극조사소 연구팀은 북극권 해빙이 2035~2086년 사이에 모두 녹아 사라질 것이라고 발표했다. 미국 어바인 캘리포니아대학교 연구팀은 남극 지역 18곳을 조사한 결과 1979년부터 2017년까지 남극 빙하가 연간 2520억 톤씩 사라졌다고 밝혔다. 이는 1979~1990년에 연간 400억 톤이 녹은 것에 비하면 6배가 넘는 양이다.

이처럼 극지 빙하가 녹는 속도가 빨라지면서 전 세계 해수면이 상승하는 속도도 빨라졌다. 1901~1971년 사이에 해마다

1.3mm씩 높아지던 해수면은 2006~2018년에 매년 3.7mm로 2.85배 더 빠르게 상승하고 있다. 매년 해수면 상승 정도는 그리 크게 느껴지지 않지만, 오랜 시간 해수면이 계속 상승하다 보면 누적 수치는 무시하지 못한다. 실제 1901~2018년 사이에 전 세계 해수면은 20cm나 높아졌다.

그렇다면 미래는 어떨까. IPCC 6차 보고서를 보면 온실가스 배출 정도(시나리오)에 따라 해수면 상승 높이가 달라진다. 온실가스를 가장 적게 배출하는 시나리오에서는 2100년까지 전 지구 해수면 높이가 0.28~0.55m 높아지는 반면, 온실가스를 가장 많이 배출하는 시나리오에서는 최대 2m나 상승할 것으로 예측한다. 온실가스 배출량이 늘고 극지의 빙붕(큰 얼음)이 예상보다 빠르게 붕괴하면 최악의 시나리오가 펼쳐진다. 2150년에는 해수면 높이가 최대 5m까지 솟구치는 것이다.

## 섬나라 사라지고 해안 지역은 침수 위기

지구온난화로 해수면이 높아지면 섬 지역이나 바닷가에 바닷물이 몰려와 침수 피해나 해일 피해를 볼 위험이 커진다. 특히 해발 고도가 낮은 섬들은 물속에 잠기고 심하면 사라져 버릴 위

해수면 상승으로 가장 큰 피해를 볼 것으로 예측되는 투발루. 사진은 수도 푸나푸티의 해변 (그림 22).

기에 처하게 된다.

전 세계 섬 가운데 해수면 상승으로 가장 큰 피해를 볼 것으로 예상되는 섬은 투발루다. 투발루는 면적이 여의도의 약 3배에 불과하고 1만여 명이 사는 남태평양의 섬나라다. 산호초 섬들의 평균 해발 고도가 2m가 채 안 되고 가장 높은 곳도 해발 5m가 넘지 않는다. 투발루의 연간 해수면 상승률은 지난 20년간 0.07mm였는데, 최근 1.2mm로 크게 높아졌다. 총 9개 섬 가운데 8개가 사람이 사는 섬인 투발루에서는 현재 섬 2개가 바닷속으로 사라졌고, 수도 푸나푸티도 이미 침수된 상태다.

도서 지역뿐만 아니라 해안 지역도 위험하다. 해수면이 높아지면 미국의 뉴욕이나 마이애미, 우리나라의 부산처럼 많은 사람이 거주하는 해안 도시는 더 큰 피해를 볼 수 있다. 심지어 내륙 지역에도 지구온난화의 위협이 미치고 있다.

영국에서는 해수면 상승으로 2050년 이전에 해안 부동산 약 20만 채가 위험에 빠질 것이라고 예측하는 보고서가 나오기도 했다. 영국 해안 주변의 해수면은 2050년까지 35cm가량 상승할 것으로 예상되는데, 이 같은 해수면 상승으로 영국 해안의 3분의 1 정도가 홍수 피해를 볼 수 있기 때문이다. 일본에서는 지구온난화로 해수면이 1m 높아지면 도쿄권의 경우 해수면보다 낮은 '0m 지대'가 기존보다 약 3배 증가하고 이에 영향을 받는 주민이 157만 명으로 2배가량 늘어난다고 《니혼게이자이신문》이 자체 분석 결과를 보도하기도 했다.

우리나라 연안의 해수면도 높아지고 있다. 1990~2019년 30년간 평균 해수면이 해마다 3.12mm씩 높아졌는데, 제주도 부근과 동해안에서 상승률이 가장 컸다. IPCC 6차 보고서에서는 온실가스 감축을 적극적으로 수행하면 2100년 해수면 높이가 2006년보다 약 40cm 상승하는 데 그치지만 현재처럼 온실가스를 배출하면 약 73cm 높아질 것으로 보았다. 만일 2100년 해수면이 1m 이상 높아진다면 서해안 일부, 즉 국토의 4%가 침식된다는 국내 전문가의 지적도 있다.

# 몰디브, 해저에서 내각회의 열었다!

"모히토 가서 몰디브나 한잔할까?" 영화 〈내부자들〉에서 정치깡패인 안상구(이병헌 분)가 던진 대사다. 사실 몰디브는 휴양지로 유명한 섬이고 모히토는 칵테일의 일종이니 이 대사는 말이 안 된다. 원래 몰디브에 가서 모히토 한잔하자고 해야 한다. 배우 이병헌 씨가 몰디브와 모히토를 바꿔서 애드리브를 했는데, 이것이 크게 히트했다.

몰디브는 스리랑카 서남쪽 인도양에 있는 섬나라로 산호섬 1200여 개로 이뤄져 있으며, 평균 해발고도가 1m에 불과하다 보니 지구온난화로 해수면이 점점 상승하면서 물에 잠길 위기에 놓여 있다. 이에 몰디브는 전 세계에 이런 위험을 알리는 퍼포먼스를 벌였다. 2009년 10월 모하메드 나시드 대통령은 수심 6m 해저에서 산소통을 매고 잠수복을 입은 채 내각회의를 열며 각국에 온실가스 저감을 촉구했다.

몰디브는 세계에서 세 번째로 기후변화에 취약한 도서로 꼽히고 있다. 인류가 너무 늦게 대처한다면 영화의 주인공처럼 몰디브에서 모히토를 즐기고 싶다는 소원은 이루지 못할 가능성이 크다.

몰디브의 수도 말레. 몰디브 정부는 기후변화의 위협에 대응하고자 도시 주변에 벽을 쌓기 시작하는 것을 포함해 다양한 인프라를 마련하고 있다(그림 23).

# 4

# 기후변화
# 시나리오

## IPCC 기후변화 평가 보고서에 담겨

지구온난화의 미래를 언급하는 글을 읽다 보면 SRES, RCP, SSP 같은 영문 약어를 볼 때가 있다. 대개 시나리오라는 말과 함께 등장한다. 보통 시나리오는 영화를 제작하려고 쓰는 각본을 말하지만 이것은 영화 시나리오는 아니며, 어떤 사건에서 예측되는 가상의 결과를 뜻하는 시나리오다. 도대체 무슨 시나리오일까? 바로 IPCC가 제시한 미래 기후변화 시나리오다.

IPCC, 즉 '기후변화에 관한 정부 간 협의체'는 지구온난화의 양상과 영향, 미래 전망을 언급할 때 빠지지 않는 기관이다. IPCC는 1988년 세계기상기구와 유엔환경계획에서 기후변화와 연관된 전 지구적 위험을 평가하고 국제적 대책을 마련하고자 설립한 유엔 산하 국제 협의체다. 세계 여러 나라의 기상학자, 해양학자, 빙하 전문가, 경제학자 등 전문가 3000여 명으로 구성된 IPCC는 1990년 이래 5~6년 간격으로 기후변화 평가보고서를 발간해 왔다.

특히 IPCC는 기후변화 평가보고서를 발간할 때마다 기후변화에 따른 미래 전망치와 시나리오를 제시했다. IPCC 제1차 평가보고서는 1990년에 발표되었다. 이 보고서에서는 인류가 평소처럼 화석 연료를 계속 사용한다면 이산화탄소 배출량이 해마다 1.7배 정도 증가하고 전 지구 평균 온도가 21세기에 10년마다 약 0.3℃씩 높아질 것이라고 예측했다. 1995년에 공개된 제2차 평가보고서에서는 온실가스가 당시 추세대로 증가한다면 2100년 지구 평균 기온이 0.8~3.5℃ 상승하고 해수면은 15~95cm 높아질 것으로 예측했다. 구체적인 기후변화 시나리오에 따른 미래 전망치는 제3차 평가보고서부터 나왔다.

# SRES, 배출 시나리오에 관한 특별 보고서

기후변화 시나리오는 인간 활동으로 온실가스, 에어로졸(보통 공기 중에 미세한 입자가 섞인 상태), 토지 이용 상태 등에 생긴 변화를 지구 시스템 모델에 적용해 미래 기후를 전망한 것이다. 제3차 평가보고서와 제4차 평가보고서에는 SRES 시나리오가 적용되었다. SRES는 '배출 시나리오에 관한 특별 보고서(Special Report on Emission Scenarios)'의 약자다. SRES 시나리오는 제3차 평가보고서의 미래 배출 시나리오 보고서에서 설명된 시나리오를 뜻한다. 경제, 인구, 에너지, 지속가능성 등 여러 요인에 따라 A1 시나리오 3가지, A2 시나리오, B1 시나리오, B2 시나리오 등 6개로 나뉜다.

먼저 A1 시나리오는 전 세계의 경제가 매우 빠르게 성장하는 미래 상황(인구는 정점을 찍고서 줄어들며 기술이 빠르게 발전)을 가정하되, 이를 세 가지 경우 즉 화석 연료를 중심으로 사용하는 상황, 주로 비(非)화석 연료를 사용하는 상황(기술 발전이 전제), 모든 에너지 공급원을 활용하고 기술이 동등하게 발전하는 상황으로 세분했다. A2 시나리오는 A1 시나리오보다 지역적 특성을 강조한다. 지역에 따라 인구 증가와 경제발전이 다른 미래 상황을 가정한다. 반면 B1 시나리오는 A1 시나리오보다 지속가능성을 중

시한다. 세계 인구가 세기 중반에 정점을 찍고 줄어들며, 경제
구조가 3차 산업 중심으로 변하고 재생과 효율을 중시하는 기술
을 도입하는 상황을 가정한 것이다. 끝으로 B2 시나리오는 경제,
사회, 환경 측면에서 지속가능한 상황을 강조하되 B1 시나리오
(전 지구적 해결책 중시)보다 지역적 해결책에 중점을 둔다. 인구가
A2 시나리오보다 더 낮은 비율로 증가하고, 경제발전은 중간 단
계로 B1 시나리오보다 느리지만 다양한 기술이 발전하는 미래
를 가정한다.

　　2001년 중국 상하이 기후변화 회의에서 SRES 시나리오가 적
용된 제3차 평가보고서가 발표되었다. 이 보고서에는 세부 시나
리오에 따라 1990~2100년 사이에 지구 평균 기온이 1.4~5.8℃
높아지고, 해수면이 10~90cm 상승할 수 있다는 분석이 담겼다.
2007년 프랑스 파리에서 발표된 제4차 평가보고서에서는 인류
가 지금처럼 화석 연료에 의존한다면(A1 시나리오 중 화석 연료 중심으
로 사용하는 상황) 21세기 말 지구 평균 기온이 20세기 말보다 최고
6.4℃ 오르고 해수면은 최대 59cm 높아질 것이라고 전망했다.

# 온실가스 농도에 따른 시나리오
## -RCP, 대표농도경로

SRES 시나리오에는 문제점도 있다. SRES 시나리오는 미래의 사회 구조와 경제 형태를 먼저 예측하고 이에 따른 탄소 배출량을 가정해 온실가스 농도를 정하는 방식인데, 이 과정에서 각 시나리오 간 정보 전달에 시간 지연이 생긴다는 점이 문제로 지적되었다. 이런 문제점을 해결하고자 제5차 평가보고서에서는 온실가스 농도를 먼저 정한 뒤 이에 따른 기후변화 시나리오를 산출하는 방식, 즉 RCP 시나리오를 채택했다. RCP는 대표농도경로(Representative Concentration Pathways)의 약자로, 기후변화를 일으키는 힘인 복사강제력에 가장 '대표'적으로 기여하는 온실가스 '농도'를 시나리오에 이용한다는 뜻을 담았으며, 시간적 변화를 의미하는 시나리오의 특성을 드러내고자 '경로'라는 단어가 포함되어 있다. 복사강제력은 지구가 태양에서 흡수하는 에너지와 지구가 다시 우주로 내보내는 에너지의 차이를 의미하는데, 지구가 흡수하는 에너지가 더 커서 지구 온도가 상승할 때 양의 강제력이라고 한다. 특히 내보내는 에너지가 대기 중 온실가스에 의해 지구에 재흡수되는 온실 효과가 일어나는데, 온실가스 농도는 복사강제력을 결정하는 대표적 요소다.

| 종류 | 의미 | 2100년 이산화탄소 농도 |
|---|---|---|
| RCP 2.6 | 인간 활동에 따른 영향을 지구 스스로 회복할 수 있는 경우(실현 불가) | 420ppm |
| RCP 4.5 | 온실가스 저감 정책이 상당히 실행되는 경우 | 540ppm |
| RCP 6.0 | 온실가스 저감 정책이 어느 정도 실현되는 경우 | 670ppm |
| RCP 8.5 | 현재 추세(저감 없이)로 온실가스가 배출되는 경우 | 940ppm |

RCP 시나리오별 특징(그림 24).

RCP 시나리오는 온실가스 농도값을 설정한 뒤 기후변화 시나리오를 산출하고 그 결과에 따라 사회·경제 분야별 온실가스 배출 저감 정책을 결정하게 된다. 구체적으로 살펴보면 RCP 시나리오는 온실가스의 예상 감축량에 따라 RCP 2.6, RCP 4.5, RCP 6.0, RCP 8.5 총 4가지가 있다. RCP 뒤에 있는 숫자가 클수록 온실가스의 영향이 커지고 기후변화가 빠르게 나타난다.

2014년에 발표된 제5차 평가보고서에서는 지구온난화를 막고자 노력하지 않고 현재 추세대로 온실가스를 배출해 21세기 말 이산화탄소 농도가 940ppm에 도달한다면(RCP 8.5) 21세기 말(2070~2099년)에 전 지구 평균 기온이 4.8℃ 높아지고 강수량은 현재보다 6.0% 더 증가할 것으로 예상했다. 하지만 온실가스를 저감하고자 어느 정도 노력한다면(RCP 4.5) 지구 평균 기온이 2.8℃ 상승하고 강수량은 4.5% 증가할 것으로 보았다. 인류의 온실가스 저감 노력에 따라 전 지구 기온 상승률을 낮출 수 있다는 말이다.

한반도에 RCP 시나리오를 적용해도 비슷한 예측이 나온다. 현재 추세대로 온실가스를 계속 배출한다면(RCP 8.5) 21세기 말 (2070~2099년)에 한반도 평균 기온이 6.0℃ 높아지고 강수량은 지금보다 20.4%가 증가할 것으로 보이며, 온실가스를 저감하고자 어느 정도 노력한다면(RCP 4.5) 한반도 기온은 3.4℃ 높아지고 강수량은 17.3% 증가하는 데 그칠 것으로 예상된다. 온실가스 감축 정책을 이행하느냐에 따라 기온 상승과 강수량 증가 속도를 조절할 수 있다는 뜻이다.


## 새로운 기후변화 시나리오
## -SSP, 공통사회경제경로

2021년 제6차 평가보고서에서 공개된 새로운 기후변화 시나리오는 이전보다 한층 더 정교해졌다. 대표농도경로(RCP) 개념에 미래 사회·경제 변화와 기후변화 완화 노력(온실가스 감축 정책)을 추가해 공통사회경제경로(SSP, Shared Socio-economic Pathways) 시나리오를 제시했다. 구체적으로 미래 기후변화에 따른 인구, 경제, 토지 이용, 에너지 사용 등 사회·경제 지표의 정량적 변화를 포함하며 기술, 사회적 인자, 정책, 복지, 제도, 생태계, 자원 등 다양한 사회·경제 요소의 변화도 고려한다. SSP 시나리오는 모두 5개로 구분되는데, SSP 뒤에 숫자가 2개 붙는다.

먼저 SSP에 붙은 첫 번째 숫자는 사회·경제적 지표를 나타낸다. 사회가 발전하면서 온실가스 감축을 잘하면(지속가능한 개발) SSP1 시나리오, 경제 개발은 빠르지만 온실가스 감축을 못 하면(기후 정책이 없음) SSP5 시나리오로 가정한다. 반면 사회발전이 더딘 가운데 온실가스 감축을 잘하면 SSP3 시나리오, 개발 속도가 지역마다 불균형을 이루는 가운데 온실가스 감축을 못 하면 SSP4로 표시한다. 또 발전과 감축이 중간 단계에 머물면 SSP2 시나리오로 구분하는데, 이는 SSP1과 SSP3 시나리오의 중간 사례에 해당한다.

SSP에 붙은 두 번째 숫자는 RCP 시나리오의 숫자와 같은 뜻인 복사강제력이다. 숫자가 클수록 온실가스를 감축하지 못해 미래에 기후변화가 빠르게 일어난다. 즉 온도가 더 많이 높아지고 해수면도 더 크게 상승한다. 특히 온실가스를 감축하지 못하는 SSP3과 SSP5의 시나리오에서 시간에 따라 온도와 해수면이 높아지는 양상이 두드러진다.

인류가 온실가스를 감축하는 데 비교적 성공했을 때(SSP-1-2.6)

| 종류 | 의미 |
|---|---|
| SSP1-1.9 | 온실가스 배출을 강력히 제한해 배출량을 최대로 감축하는 경우 |
| SSP1-2.6 | 재생에너지 기술 발달로 화석 연료 사용이 최소화되고 친환경적으로 지속 가능한 경제성장을 이룰 것으로 가정하는 경우 |
| SSP2-4.5 | 기후변화 완화, 사회·경제발전 정도가 중간 단계를 가정하는 경우 |
| SSP3-7.0 | 기후변화 완화 정책에 소극적이며 기술 개발이 늦어 기후변화에 취약한 사회 구조를 가정하는 경우 |
| SSP5-8.5 | 산업기술의 빠른 발전에 중점을 두어 화석 연료 사용량이 많고 도시 위주의 무분별한 개발이 확대될 것으로 가정하는 경우 |

SSP 시나리오 종류와 의미(그림 25).

와 온실가스 감축에 신경조차 쓰지 않을 때(SSP5-8.5) 미래 연평
균 기온과 강수량 상황을 비교해 보자. 우리가 어느 정도 노력을
기울인다면, 21세기 말(2081~2100년) 전 지구 육지 평균은 현재보
다 2.5℃ 높아질 것으로 예상된다. 동아시아와 한반도 육지도 이
와 비슷하게 21세기 말에 각각 2.7℃, 2.6℃ 상승할 것으로 보인
다. 강수량을 보면 지구 전체에서 평균 4% 늘어나고, 동아시아
에서 6%, 한반도에서 4% 증가할 것으로 예측된다. 문제는 우리
가 지금처럼 온실가스를 배출할 때다. 21세기 말 지구 육지 평균
기온은 무려 6.9℃ 높아지고, 한반도는 7℃나 상승할 것으로 예
상되기 때문이다. 강수량도 지구 전체에서 7% 증가하고 한반도
에서 그 2배인 14%나 대폭 늘 것으로 예상된다. 연평균 기온이

7℃나 상승한다면 우리나라는 사계절을 더 이상 누리지 못할 뿐만 아니라 불볕더위가 수시로 올 수 있다. 아무런 노력도 하지 않을 때 21세기 말 한반도는 일 최고 기온이 1년 중 최대 41.2℃까지 치솟으며, 연중 손꼽히게 더운 날(온난일)이 현재보다 약 3.6배 (36.5일 → 129.9일) 급증할 것으로 예상된다.

지구온난화가 심해지는 미래에 인류 앞에는 어떤 일이 펼쳐질까. 디스토피아 같은 암울한 시나리오를 막으려면 인류는 온실가스를 감축하는 강력한 행동에 나서야 한다. 그것도 지금 당장 말이다.

# 기후변화가
# 먹거리에 몰고 온 변화

## '사과는 대구'는 옛말

"남산 위에 저 소나무 철갑을 두른 듯……."

애국가 2절 첫 부분에는 남산에 있는 소나무가 등장한다. 소나무는 현재 우리나라 산림 면적의 20%를 차지할 정도로 우리에게 친숙한 나무다. 그렇지만 21세기 말에는 남산에서 소나무를 찾아보기 힘들지도 모른다. 강수량이 많아질수록, 기온이 높아질수록 소나무 생장에 좋지 않다는 연구 결과가 있는데, 21세기 후반 우리나라 강수량은 지금보다 많아지고 기온도 높아지기 때문이다. 남산에서는 소나무보다 귤나무가 더 잘 자랄 수 있다. 그런 일이 벌어진다면 애국가 가사를 바꾸는 것도 깊이 고민해 봐야 할지 모른다.

환경부와 기상청이 함께 발간한 〈한국 기후변화 평가보고서 2020〉을 보면 한반도의 기온은 지구 평균보다 빠르게 오르고 있다. 전 지구 평균 지표 온도가 1880~2012년에 0.85℃ 높아진 데 비해 우리나라는 1912~2017년에 약 1.8℃나 오른 것으로 밝혀졌다. 우리나라의 기온 상승세는 겨울보다 여름에 더 강했다. 1990년대까지는 여름 기온이 해마다 0.03℃씩 올랐는데 2000년대부터는 해마다 0.65℃씩 오르고 있다.

지구온난화의 영향은 기온에 그치지 않고 우리나라 농작물 지도를 바꾸고 있다. '감귤은 제주', '사과는 대구', '고랭지 배추는 강원도'와 같은 말은 사라졌거나 사라질 위기에 놓였다. 감귤, 사과, 복숭아 같은 과일뿐만 아니라 고랭지 배추·무, 겨울 감자, 쌀보리, 녹차 같은 작물의 한계 재배지가 이미 북상한 지 오래된 탓이다. 한때 제주에서만 재배되던 감귤은 전남, 경남은 물론이고 전북까지 재배지역이 확대되고 있다. 온대성 과일인 사과는 대구에서 자취를 감추고 청송, 영주, 영천 등 경북으로 재배지가 옮겨졌을 뿐 아니라 강원 영월, 양구, 정선 일대에서도 재배된다. 복숭아는 냉해를 입을 우려가 줄면서 경북에서 경기, 강원까

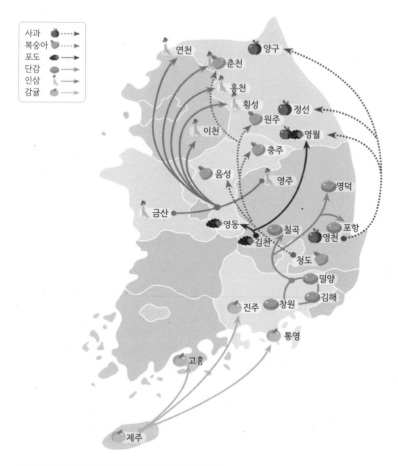

사과
복숭아
포도
단감
인삼
감귤

연천
춘천
양구
홍천
횡성
정선
원주
이천
영월
충주
음성
영주
영덕
금산
영동
칠곡
포항
김천
영천
청도
밀양
김해
진주
창원
통영
고흥
제주

기후변화에 따른 주요 농작물 주산지 이동(그림 26).

지 재배지가 북상했고, 추위에 약한 포도 역시 경북 김천을 지나
강원 영월에서까지 재배된다.

　다른 농작물도 마찬가지여서 제주에서만 생산되던 월동 배추,

겨울 감자는 남부 해안 지방에서 대량으로 재배되고 있다. 쌀보리는 재배지가 충청 이남에서 경기 북부로 바뀌었고, 녹차 재배지는 전남 보성에서 강원 고성까지 북상했다. 고랭지 배추는 지구온난화 때문에 재배지가 강원 지역에 편중되는 가운데 재배 면적이 줄고 있다. 반면 옥수수는 지구온난화로 여름이 길어지면서 1년에 두 번 수확하는 것이 가능해져 재배가 늘고 있다. 벼는 재배 면적이 줄었는데도 2013년부터 4년 연속으로 대풍(大豊)을 기록할 정도로 잘 자라고 있다. 지구온난화로 우리나라 기후가 벼가 자라기에 적합해져 생산성이 높아졌기 때문이다. 열대·아열대 작물도 재배 면적이 늘고 있다. 망고는 경북 안동에서도 재배되고, 무화과는 전남 영암에서 경북 영덕까지 북상했으며, 파파야·연무 등은 전남에서 시험 재배를 하기도 했다.


## 21세기 말 한반도에서 사과와 배가 사라진다

앞으로 우리나라 농작물의 재배지는 어떻게 바뀔까. 먼저 IPCC 제6차 평가보고서의 SSP 시나리오에서 예측하는 우리나라 기온과 강수량의 변화를 살펴보자. 지금처럼 온실가스를 배출하면(SSP5-8.5) 21세기 말 우리나라 연평균 기온은 현재보다

7℃ 오르고 평균 강수량은 14% 늘 것으로 보인다. 반면 어느 정도 온실가스를 저감하고자 노력한다면(SSP1-2.6) 21세기 말 우리나라 연평균 기온은 현재보다 2.6℃ 높아지고 평균 강수량은 3% 느는 데 그칠 것이다. 또 미래에 극한 고온 현상과 극한 강수 현상이 증가하고 극한 저온 현상은 감소할 것으로 보인다. 특히 지금처럼 온실가스를 배출한다면 21세기 말 한반도 온난일은 약 4배 급증하고 상위 5% 극한강수일은 약 30% 증가할 것으로 예측된다.

농촌진흥청은 SSP 기후변화 시나리오를 반영해 2090년까지 10년 단위로 사과, 배, 복숭아, 포도, 단감, 감귤 같은 주요 과일의 재배지 변동을 예측했다. 지금처럼 온실가스를 배출하면(SSP5-8.5) 사과는 재배 가능지가 지속적으로 줄어들고 배, 복숭아, 포도는 2050년 정도까지 소폭 상승한 뒤 감소하며, 추위에 약한 단감, 감귤은 지속적으로 증가하는 것으로 나타났다.

2020년에 42만 2000톤을 생산한 주요 과수 작물인 사과는 재배 면적이 2005년 2만 6000헥타르에서 2020년 3만 1000헥타르까지 늘었다. 비교적 서늘한 기온에서 품질과 생육이 양호한 특성 때문에 온난화의 영향을 크게 받는 것이다. SSP5 8.5 시나리오를 적용해 예측한 결과 사과는 재배 가능지가 빠르게 줄어들어 2090년대에는 국내에서 고품질 사과의 재배 가능지가 사라질 것으로 보인다.

온대 과일인 배는 재배 면적이 2005년 2만 1000헥타르에서 2020년 9000헥타르로 크게 줄었다. SSP5-8.5 시나리오를 적용해 보면 배는 2030년대까지 재배 가능지가 늘어나다가 2050년대부터 줄어들 것으로 예측된다. 특히 고품질 과실 재배가 가능한 재배 적지는 2050년대부터 급격히 줄어들어 2090년대에는 거의 없어질 것으로 추정된다.

복숭아는 재배 면적이 2005년 1만 5000헥타르에서 2020년 2만 헥타르로 증가했으며 현재 영남, 호남 등에서 주로 재배되고 있다. SSP5-8.5 시나리오를 적용하면 복숭아는 재배 가능지가 2030년대까지 조금 증가하지만 이후 크게 감소할 것으로 보인다. 특히 2050년대에는 우리나라 전역이 잠재적인 재배 가능지로 추정되나 이후 급격히 줄어 2090년에는 전 국토의 5.2%만 재배 가능지로 예측된다.

포도는 재배 면적이 2005년 2만 헥타르에서 2020년 1만 헥타르로 감소했다가 2021년 다시 증가했다. SSP5-8.5 시나리오에 따라 예측한 결과 포도의 재배 가능지 면적은 2050년대까지 유지되다가 2070년대부터 크게 줄어들 것으로 예측된다. 2070년에는 재배 적지가 강원도 산간 지역으로 옮겨질 것으로 보인다.

단감은 재배 적합지가 현재 제주도와 남해안 지역으로 전 국토의 9% 정도를 차지하지만 SSP5-8.5 시나리오를 적용하면 2090년대까지 지속적으로 증가할 것으로 예측된다. 기후변화에 따라 재배 적지가 산간 지역을 제외한 중부 내륙 전역으로 확대될 것으로 보인다. 대표적 아열대 과일인 감귤은 기후변화에 따라 재배 가능지가 지속적으로 증가해 남해안 일대에서 강원도 해안으로 이동할 것으로 예상된다.

## 명태는 씨가 마르고 오징어는 서해에서 풍년

한편 한반도 해역의 수온이 오르면서 수산물 지도 역시 바뀌고 있다. 우리나라를 둘러싼 바다의 평균 수온은 1968년 16.1℃에서 2020년 17.4℃까지 높아졌다. 50여 년간 1.3℃가 상승한 셈이다. 세부적으로 서해 표층 수온이 14.4℃에서 15.3℃, 동해는 15.9℃에서 17.8℃, 남해는 17.9℃에서 19.2℃로 각각 상승했다.

50년간 우리나라 주변 해역에서 잡히던 어종은 어떻게 달라졌을까. 해역별로 살펴보면 서해는 멸치, 꽃게, 굴류 등의 어획량이 늘어난 데 비해 갈치, 깁오징어, 강달이, 뱅어류 등의 어획량은 줄어들었다. 남해는 1980년대 이후 멸치, 고등어, 삼치 등이 많이 잡힌 반면 갈치, 강달이 등은 덜 잡혔다. 쥐치류, 정어리의 경우 1980~1990년대까지 많이 잡혔지만 이제 거의 잡히지 않는다. 동해는 상오징어, 청어, 붉은대게, 문어류, 가자미류 등이 늘어난 데 비해 멸치, 꽁치, 양미리, 쥐치류 등은 줄어들었다. 특히 명태는 1980년대에 연 어획량이 최대 30만 톤을 기록하기도 했지만, 1990년대 이후 크게 줄었다가 이후 사라졌다.

　명태, 도루묵 같은 한류성 어종의 어획량은 줄어든 반면 멸치, 고등어, 오징어 같은 난류성 어종의 어획량은 늘고 있다. 즉 한류성 어종인 명태가 우리나라 해역에서 1990년대 이후 '씨가 마른' 반면, 난류성 어종인 오징어는 동중국해로부터 서해 쪽으로 난류가 흘러들면서 서해에 어장이 형성되어 '풍년'을 이루고 있다. 또 난류성 어종인 전갱이는 동중국해로 가서 월동하지 않고 겨울에도 남해 연안에 머물고 있다. 난류를 따라 남해에서 잡히던 멸치는 울릉도 근해에서 잡히며, 일본 혼슈 이남에 살던 다랑어는 울산 앞바다에서도 포획되고 있다. 국립수산과학원에 따르면 청새치, 보라문어, 제비활치류 같은 아열대성 어종 60여 종이 제주 연안에 출현하고 있다. 요즘은 난대성 해파리가 해수욕장에 나타나 피서객들을 위협하기도 한다.

# 지구온난화라는데
# 강추위는 왜 올까

## 북극이 더워지면 차가운 공기가 남쪽으로

"미국 동부에서 역사상 가장 추운 새해 전날이 될 것이다. 우리는 지구온난화를 조금 사용해야 할 것 같다."

도널드 트럼프가 미국 대통령으로 있던 2017년 12월 28일 트위터에 올린 글이다. 실제로 2017~2018년 겨울 역대급 추위가 북반구를 강타했다. 미국은 기상 관측 이래 처음으로 하와이, 플로리다를 포함한 50개 주 모두에 눈이 내렸으며, 노리스터라는 겨울 폭풍이 4개나 발생해 미국 동부에 폭설과 함께 혹독한 추위가 이어졌다. 러시아의 경우 동시베리아 사하공화국 오이먀콘에서 영하 60℃의 기온이 이어졌고, 서시베리아의 한 마을은 영하 43.3℃까지 떨어져 78년 전의 최저 기온을 경신했다. 유럽은 2018년 2월 28일부터 3월 2일까지 '동쪽에서 온 야수' 시베리아발 한파가 덮쳐 곳곳에 이례적 한파와 폭설이 엄습해 추위로 50명 이상이 사망했다. 이집트는 1월 9일 사하라사막에 폭설이 쏟아져 40cm의 적설량을 기록했다.

2017~2018년 겨울 우리나라도 동장군의 위력을 실감했다. 서울의 경우 한파특보 발령 일수가 23일이나 되었고, 2018년 1월 26일 영하 17.8℃를 기록했으며, 계량기 동파는 전년보다 27배가 늘어난 9650건에 달했다. 광주는 최저 기온이 영하 10℃ 이하로 떨어진 날이 5일을 기록해 근래 30년 중 가장 많았으며, 대구는 1월 27일 영하 13.9℃까지 떨어져 2000년대 들어 가장 낮은 온도를 기록했다.

트럼프 전 대통령 말처럼 지구온난화라는데 왜 역대급 강추위가 찾아오는 걸까. 다시 말해 기후변화로 지구 온도가 높아지고 있다는데 왜 강력한 한파가 발생할까. 간단히 답하자면 온난화가 균등하게 일어나지 않고 지역별로 차이가 나타나 대기 흐름의 변화를 일으키기 때문이다. 이를 좀 더 자세히 살펴보자.

온난화로 지구 전체가 골고루 뜨거워지는 것이 아니라 북극이

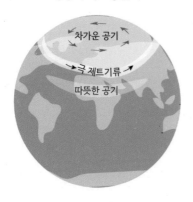
**평상시 극소용돌이**

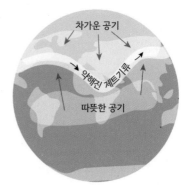
**한파 시 극소용돌이**

평상시 제트기류가 강할 때는 차가운 공기 덩어리인 극소용돌이가 극지에 붙잡혀 있지만,
온난화로 북극이 따뜻해지면 제트기류가 약해져 차가운 공기가 남쪽으로 내려온다.
강력한 한파가 찾아오는 것이다(그림 27).

좀 더 집중적으로 뜨거워지고 있다. 실제 2017~2018년 겨울 시베리아발 한파가 북반구를 강타했을 때 북극해, 그린란드, 시베리아 등은 평년보다 10~20℃ 높았고, 유럽은 10℃ 가까이 낮았다. 이렇게 북극이 따뜻해지면 북극 상공의 기류가 영향을 받는다. 북극 상공에는 차갑고 건조한 공기 덩어리가 반시계 방향으로 회전하고 있는데, 이를 극소용돌이라고 한다. 극소용돌이는 평소 제트기류에 둘러싸여 있다. 제트기류는 고도 9~10km에서 서쪽에서 동쪽으로 강하게 부는 좁은 공기 흐름이다. 예컨대 비행기를 비행기를 타고 미국에 다녀올 때 제트기류를 실감할 수 있다. 미국에 갈 때는 제트기류가 밀어주지만 우리나라로 올 때는 제트기류의 저항을 받으므로 비행시간이 갈 때보다 2시간 가까이 더 걸린다. 북극에 이상 고온 현상이 나타나면, 이 제트기류가 약해지면서 극소용돌이의 차가운 공기가 남쪽으로 내려온다. 결국 이 때문에 미국, 유럽, 우리나라 등지에 평상시보다 강한 폭설과 한파가 찾아오게 된다.

2020~2021년 겨울에도 지구온난화로 북극 한기가 남하하면서 폭설과 한파가 기승을 부렸다. 2021년 2월 초 미국은 500여 곳에서 최저 기온 기록이 깨질 정도로 맹추위가 이어졌고, 본토 전체 면적 가운데 73%가 눈에 덮였다. 예를 들어 미국 중남부에 있는 오클라호마시티는 영하 24℃로 1899년 이후 가장 추운 날씨를 기록했고, 텍사스주 일부 지역은 알래스카주 페어뱅크스(영하 16℃)보다 더 추웠다. 이 한파로 발전 시설이 멈춘 탓에 550만 가구가 정전되기도 했다. 2021년 1월 초 우리나라도 북극발 한파에 전국이 꽁꽁 얼어붙었다. 서울은 20년 만에 영하 18.6℃를 기록했고, 광주와 대전은 20년 만에 가장 추운 날씨를 기록했다. 〈한반도 기후변화 전망보고서 2020〉에 따르면 최근 영하 12℃ 이하의 한파 발생 빈도가 높아지고 있는 것으로 드러났다.

## 여름철 찜통더위는 열돔 현상이 원인

여름철 찜통더위는 왜 생길까. 당연히 온난화 때문이겠지만 좀 더 들여다보면 열돔 현상 때문이라는 해석이 나온다. 미국은 2010년대부터 거의 여름마다 이상 고온 현상(폭염)에 시달리고 있다. 2016년 7월 미국 전역 48개 주의 최고 기온이 32℃를 돌파하며 20년 만에 이상 고온을 기록했다. 2021년 7월에는 미국 캘리포니아주 데스밸리 국립공원의 기온이 54.4℃까지 치솟아 1913년 이후 세계 최고 기온을 기록했고, 2022년 6월에는 미국 중부 캔자스주에서 소 수천 마리가 고온으로 죽었으며, 라스베이거스가 66년 만에, 피닉스가 104년 만에 각각 최고 기온을 경신했다. 기상 전문가들은 미국의 심각한 폭염을 열돔 현상으로 설명했다.

열돔 현상은 특정 지역에 거대한 가마솥 뚜껑이 덮인 상황에 비유할 수 있다. 지상 5~7km 높이의 대기권 중상층까지 발달한 '높은 고기압'이 정체하거나 아주 천천히 움직이면서 열을 가두어 고온 현상이 나타난다. 즉 고기압에서 하강하는 뜨거운 공기가 지면에서 데워진 공기의 상승을 차단하면서 열기가 쌓여 마치 뜨거운 돔에 갇힌 것과 같은 효과가 일어난다.

2018년 여름에는 이런 열돔 현상이 북반구 중위도 지역에 나

열돔에 따른 폭염 형성 원리. 대기의 중상층 고기압이 돔 역할을 해서 열을 표면에 가둔다 (그림 28).

타나 우리나라를 비롯한 동아시아, 북미, 유럽, 중동 지역이 극심한 불볕더위에 시달렸다. 특히 한반도에는 한여름 무더위를 불러오는 북태평양 고기압이 한 달 이상 머물러 있었다. 덥고 습한 북태평양 고기압이 대기 중하층에 자리한 가운데 고온의 티베트 고기압이 대기 상층부에서 짓누르며 찜통 같은 열돔을 형성한 것이다. 이로써 우리나라는 역대급 더위를 경험했다. 2022년과 2023년 여름에도 미국과 유럽에 찜통 더위가 기승을 부렸는데, 이 더위의 원인 역시 고기압대가 정체해 특정 지역이 가마솥처럼 달궈지는 열돔 현상 때문이라고 전문가들은 분석했다.

# 세계 곳곳의 기상이변이 '새로운 표준'

지구온난화에 따른 극한 기상은 여름 찜통더위, 겨울 한파·폭설에 그치지 않고 극심한 가뭄, 강력한 태풍, 폭우, 홍수 등도 아우른다. 지구온난화 때문에 생긴 극심한 가뭄의 사례가 '캘리포니아 대가뭄'이다. 2013년과 2014년에 미국 캘리포니아주는 호수, 저수지, 강의 모습이 바뀔 정도로 심각한 가뭄을 겪었다. 미국 스탠퍼드대학교 연구진은 이 캘리포니아 대가뭄을 일으킨 고기압대가 지구온난화에 영향을 받아 발생했다는 분석 결과를 내놓았다.

'트리플 R'이라 불리는 이 고기압대는 태평양 북동부에서 발생해 2013년과 2014년 우기 동안에 비구름과 폭풍이 캘리포니아주를 비켜 가게 했다. 연구진은 트리플 R이 이렇게 오랫동안 세력을 확장해 가뭄을 일으킨 것은 기후변화와 관련이 있다고 설명했다. 2022년 여름에는 유럽이 500년 만에 최악이라는 극심한 가뭄을 겪었으며, 중국도 60년 만에 최악의 가뭄에 시달렸다. 특히 유럽은 1540년 대륙을 강타했던 '초대형 가뭄' 이래 가장 심한 가뭄이 대륙의 3분의 2를 덮쳤다.

슈퍼 태풍이 발생하는 주요 원인 중 하나도 지구온난화다. 미국 합동태풍경보센터(JTWC, Joint Typhoon Warning Center)에서는 1분

2013년 필리핀을 초토화했던
슈퍼 태풍 '하이옌'(그림 29).

평균 최대 풍속이 중심 부근에서 초속 67m(시속 241km) 이상인 태
풍을 '슈퍼 태풍'이라고 정의한다. 이는 우리나라 기상청의 태풍
분류에서 최고 단계인 '매우 강한 태풍(중심 최대 풍속 초속 44m 이상)'
보다 50% 정도 더 강력한 태풍이다. 슈퍼 태풍은 자동차를 뒤집
고 대형 구조물을 부술 정도로 그 힘이 강력하다. 예를 들어 허
리케인 카트리나(중심 최대 풍속 초속 78m), 태풍 하이옌(중심 최대 풍속
초속 87m) 등이 슈퍼 태풍에 해당한다. 미국 샌디에이고 캘리포니
아대학교 스크립스 해양학연구소에서는 지구온난화 때문에 동
아시아와 동남아시아에 상륙하는 태풍이 1977~2014년 15% 더

강력해졌다고 분석했다. 특히 해수면 온도가 오르면서 슈퍼 태풍의 발생 비율이 1978년 이후 2~3배 증가했다고 한다. NOAA 산하 기후데이터센터(CDC)에서는 1982~2012년에 발생한 태풍 자료를 분석해 태풍이 최대 강도에 도달하는 위도가 10년마다 북반구에서 53km씩 북상했다는 사실을 발견했다. 머지않아 슈퍼 태풍이 우리나라에 빈번하게 찾아올지도 모를 일이다.

홍수는 주로 태풍, 장마 전선 등의 영향을 받아 폭우가 쏟아지는 여름에 발생하지만, 최근에는 계절에 상관없이 일어나고 그 규모 또한 커지고 있다. 예를 들어 2015년 12월에는 미국과 남미 곳곳에서 홍수가 났다. 특히 미국 미주리주는 1993년 이래 22년 만에 큰 홍수 피해를 보았고, 남미 지역에서는 수십 년 만에 최악의 홍수가 발생해 17만 명이 대피하기도 했다. 유럽도 대홍수를 겪었다. 2014년 5월 보스니아와 세르비아 일대에 3개월치 비가 한꺼번에 퍼부으면서 12년 만에 최악의 홍수가 일어났고 이재민이 100만 명 발생했다. 2016년 6월 프랑스 파리에는 35년 만에 대홍수가 발생해 센강 수위가 6m를 넘어 루브르박물관이 잠정 폐쇄되기도 했다. 일부 전문가들은 일련의 대홍수가 지구온난화 때문이라고 지적했다. 미국 프린스턴대학교 기후학자 마이클 오펜하이머는 기후변화가 심해질수록 폭우와 홍수가 '새로운 표준(new normal)'으로 자리 잡을 것이라고 언급했다.

2018년 여름에는 일본 서남부, 중국 베이징, 미얀마, 인도 등에서 폭우로 기록적인 홍수가 일어났다. 같은 해 7월 초 일본 서남부에는 3~4일간 1600mm 이상의 집중 호우가 쏟아져 홍수와 산사태가 발생했고 200명 이상이 사망했다. 7월 중순에는 중국 베이징 주변에 20년 만에 가장 많은 폭우가 쏟아져 홍수가 났고, 7월 하순에는 미얀마에 폭우가 내려 50년 만에 중부와 남동부 일대에 홍수가 발생했다. 또 8월 중순에는 인도 남부에 평소보다 2.5배나 많은 비가 쏟아져 100년 만의 대홍수가 일어나 최소 300명이 사망했다.

2022년 여름 파키스탄에서는 우기에 예년보다 엄청 많은 비가 쏟아져 국토의 3분의 1이 물에 잠기고 1300여 명이 목숨을 잃는 최악의 홍수가 발생했다. 반면 중국과 유럽에서는 극심한 더위와 가뭄으로 고통을 당했다. 2022년 기상이변과 재해는 이전보다 오래 계속되고 영향력이 커진 '라니냐' 현상이 지구온난화와 결합했기 때문이라는 분석도 나왔다.

열대 지방에서는 동쪽에서 서쪽으로 무역풍이 부는데, 무역풍이 평소보다 강하게 불면 따뜻한 해수가 태평양 서부에 몰려 태평양 중부와 동부의 해수가 차가워진다. 이 현상을 '라니냐'라고 한다. 라니냐가 발생하면 칠레, 중동, 아프리카 동부에 가뭄이 들고 아프리카 서부와 남아시아에 강우가 강해질 확률이 높아진다. 남아시아 파키스탄의 홍수는 라니냐에 따라 어느 정도 예측할 수 있었지만, 그 규모가 전례 없이 커진 이유는 온난화로 대기 중 수분이 많아져 폭우가 쏟아질 확률이 높아졌기 때문이라고 분석했다.

앞으로 온난화가 지속된다면 지구 곳곳에서 폭염, 가뭄, 홍수 등과 관련해 새로운 기록이 쏟아질 것이다. 이로써 인류가 최악의 기상이변과 재해를 맞닥뜨리게 될 운명이 '새로운 표준'이 될 것 같아 안타깝다.

# 7

# 기후 난민은
# 현재 진행형?

## 고대 인류, 기후변화에 따라 이주했다

　고대 인류는 현대인의 조상인 호모 사피엔스 외에 호모 네안데르탈렌시스(네안데르탈인), 호모 하이델베르겐시스(하이델베르크인), 데니소바인 등이 있다. 이들은 과거 기후가 요동칠 때마다 살아남으려고 이주를 감행하며 진화한 것으로 밝혀졌다. 우리나라 기초과학연구원(IBS, Institute for Basic Science) 기후물리연구단은 독일, 스위스 연구진과 함께 현재부터 200만 년 전까지의 기후변화 시뮬레이션으로 기후변화가 인류 진화에 어떤 영향을 주

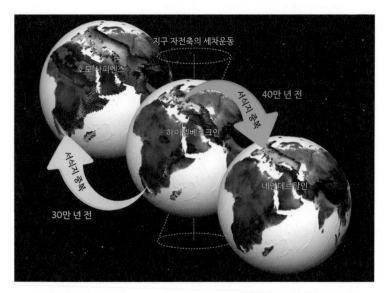

지구 자전축의 세차운동

호모 사피엔스

40만 년 전

하이델베르크인

서서히 증복

30만 년 전

서서히 증복

네안데르탈인

기초과학연구원(IBS) 기후물리연구단에서 고기후 모델 시뮬레이션, 화석 및 고고학 자료를
바탕으로 계산한 호모 사피엔스, 하이델베르크인, 네안데르탈인의 서식지. 색이 밝을수록
서식 확률이 높다는 뜻이다(그림 30).

었는지 밝혀내 2022년 4월 《네이처》에 발표했다.

　연구단은 과거 200만 년간의 북반구 대륙 빙하, 온실가스 농
도, 지구의 자전축과 공전궤도 변화 등을 바탕으로 기후모델 시
뮬레이션을 진행했으며, 이렇게 생성한 기후자료를 과거 식생,
화석, 고고학 자료와 결합해 분석했다. 지구 공전궤도와 자전축
이 시간의 흐름에 따라 변화하면서 지구에 빙하기와 간빙기가
번갈아 오고 열대 강우대가 이동해 습하거나 건조한 기후가 나
타난다. 분석 결과 고대 인류는 서로 다른 기후 환경을 선호했으

며 모두 기후변화에 따라 식량을 찾아 이주했다는 사실이 드러났다.

200만 년 전에서 100만 년 전까지 아프리카에 살던 고대 인류는 안정적인 기후 조건을 선호해 아프리카 동부와 남부 지역에서만 거주했다. 연구단은 기존 연구와 연관 지어 분석해 하이델베르크인이 고대 인류 진화의 출발점이라는 결론을 내렸다. 68만 년 전 빙하기가 닥쳤을 때 하이델베르크인은 아프리카와 유라시아대륙으로 나뉘었다. 이 중 유라시아대륙으로 간 하이델베르크인에서 종이 분화되어 네안데르탈인과 데니소바인이 출현했고, 아프리카에 남은 하이델베르크인으로부터 약 30만~20만 년 전 호모 사피엔스가 분화되어 나왔다. 이후 10만~5만 5000년 전 호모 사피엔스는 아프리카에서 벗어나 유럽을 비롯한 여러 곳으로 흩어졌다. 당시 북아프리카에 여름 강수량이 늘어 초원길이 열리면서 아프리카를 떠날 수 있었다.

연구단은 호모 사피엔스가 네안데르탈인보다 적응력과 사회적 능력이 뛰어나 혹독한 기후 조건에서도 살아남았다고 결론을 내렸다. IBS 기후물리연구단 악셀 티머만 단장은 "현재 인류가 지금의 우리일 수 있었던 이유는 느리게 진행된 기후변화에 인류가 수천 년 이상 적응해 왔기 때문이다"라고 설명했다. 티머만 단장은 또 "연구 시뮬레이션에서 수십만 년 동안 가장 추웠던 빙하기에도 기온이 5℃ 차이밖에 나지 않았는데, 지금 진행되는 지구온난화 현상은 100년 사이에 5℃가 상승할 수 있음을 보여준다. 당장 이산화탄소 배출량을 줄이지 않는다면 인류의 조상이 기후변화 시 이주해 적응했던 것처럼 우리도 다른 곳으로 이주해야 할지 모른다"라고 밝혔다.

## 인류의 대규모 이주는 미래에도 계속된다

인류의 이주는 과거의 일이 아니다. 기후변화로 미래에 일어날지도 모르기 때문이다. 일부 전문가들은 전쟁보다 기후변화 때문에 난민이 더 많이 생길 것이라고 예측한다. 기후변화로 나타나는 해수면 상승, 사막화 등으로 삶의 터전을 잃고 다른 지역으로 이주해야 하는 사람을 '기후 난민'이라고 한다. 기후 난민은 1980년대 환경 파괴에 대한 관심이 높아지면서 처음 사용된 말이다. 기후 난민은 사실 오늘날에도 발생하고 있다.

2009년 덴마크 코펜하겐 기후변화회의에서 세계 각국의 지도자들과 과학자들을 대상으로 〈기후 난민〉이라는 영화가 상영된 적이 있다. 할리우드 다큐멘터리 감독인 마이클 내시가 해수면 상승으로 사라지고 있는 남태평양 섬나라의 모습을 카메라에 담은 이 영화는 많은 이에게 지구 환경에 대한 경각심을 불러일으켰다. 또 영국의 비정부기구인 환경정의재단(EJF, Environmental Justice Foundation)은 〈집만 한 곳이 없다-기후 난민을 위한 보금자리는 어디인가〉라는 보고서를 발간해 기후변화와 기후 난민의 문제를 전 세계에 알렸다.

해수면 상승에 가장 취약한 섬 중 하나인 남태평양의 투발루는 앞으로 40년 안에 국토가 모두 침수될 위기에 빠질 것으로 예상되어 전 국민 1만여 명이 기후 난민이 될 처지에 있다. 투발루 정부는 2002년부터 해마다 조금씩 국민을 뉴질랜드로 이주시키고 있는데, 10년간 2000여 명이 해외로 이주했다.

기후 난민은 섬나라에서만 생기는 문제가 아니다. 2010년 이미 독일 환경단체인 '게르만와치'는 지난 20년간 기후변화 때문에 가장 많은 피해를 본 국가로 방글라데시를 꼽았다. 방글라데시는 국토의 60%가 해발고도 5m 아래에 있어 기후변화에 취약하다. 예를 들어 방글라데시의 벵골만 연안에 있는 쿠툽디아섬은 해수면 상승으로 삶의 터전이 80% 이상 줄어들고 사이클론과 홍수가 빈번히 발생하면서 많은 농경지가 파괴되어 주민들은 인근 도시로 이주해야 했다. 2012년 아시아개발은행이 발표한 〈아태(아시아 태평양) 지역 기후변화와 이주에 관한 대처 방안〉이라는 보고서를 보면, 지난 2년간 자연재해 때문에 거주지를 옮긴

아시아인이 4300만 명에 달하는 것으로 추정했다. 아프리카에서는 해마다 우리나라 면적 정도(12만km²)의 땅이 사막화되고 있으며, 사막화가 사바나 초원지대로 확대되고 있다. 사막화를 막지 못한다면 많은 주민이 기후 난민이 되어 그 지역에서 탈출해야 한다.

영국 옥스퍼드대학교 노먼 마이어스 교수는 2050년까지 기후 난민이 약 2억 명 발생할 것이라고 내다보았다. 또 IPCC는 전 세계 많은 지역에서 기후 난민이 쏟아질 것을 우려하면서 특히 방글라데시에 대해 비관적 예상을 내놓기도 했다. 방글라데시는 2050년까지 국토의 17%가 침수되어 기후 난민이 약 2000만 명 생겨날 것으로 예상되기 때문이다.

IBS 기후물리연구단 티머만 단장은 미래 기후에 대한 시뮬레이션을 제시하며 인류의 대규모 이동을 예측했다. 구체적으로 지구온난화 때문에 지구 평균 기온이 산업화 이전보다 4~6℃ 높아질 테고, 이로써 특히 지중해 지역에서 강수량이 30% 이상 줄어 심각한 가뭄이 발생할 것이라고 예상했다. 이 경우 농업에 악영향을 미치므로 지중해 지역의 유럽인을 중심으로 인류는 새로운 대규모 이동에 나설 것이라고 내다봤다.

미래학자 자크 아탈리가 자신의 저서 《호모 노마드(L'homme nomade)》에서 언급했듯이 인류는 '정처 없이 유랑하는 존재'일지 모른다. 인류가 미지의 세계를 찾아 떠도는 것이 유전적 본성이라는 아탈리의 주장과 달리, 인류는 기후변화로 삶의 터전을 잃고 새로운 터전을 찾아 나서야 하는 존재에 불과하지만 말이다. 지구온난화는 이를 더욱 부추기게 될 것이다.

# 8

# 북극 항로가
# 열린다

## 기후변화에 따른 가뭄에 진귀한 화석과
## 문화재급 유물 드러나

"내가 보이면 울어라." 체코 북부 마을에 가뭄으로 강의 수위가 크게 낮아지면 모습을 드러내는 '헝거 스톤(Hunger Stones)'에 적혀 있는 문장이다. '기근석(飢饉石. 굶주림의 돌)'이라는 뜻의 이 돌이 보이면 가뭄으로 흉작, 식량 부족, 고물가, 굶주림에 시달렸다는 역사가 전해진다. 이 돌에는 1417년, 1473년, 1616년, 1707년, 1893년 등이 새겨져 있었는데, 2022년 여름 가뭄으로 이

체코 엘베강 유역에 있는 '헝거 스톤.' 가뭄으로 강 수위가 낮아지면 모습을 드러낸다 (그림 31).

를 확인할 수 있었다. 2022년 여름 유럽은 지구온난화로 500년 만에 최악의 가뭄을 겪었다.

유례없는 가뭄은 흉작, 굶주림 같은 피해만 주는 것은 아니다. 강 수위가 낮아지면서 강바닥에 숨겨져 있던 화석, 유물 등이 모습을 드러내기도 한다. 특히 2022년 여름에 미국, 유럽, 중국 등 세계 곳곳이 기록적인 가뭄에 시달리면서 진귀한 화석과 문화재급 유물이 발견되었다는 외신 기사가 잇따랐다.

미국은 2000년 이후 2022년이 800년 이후 가장 건조한 기간으로 기록되었는데, 2022년 8월 텍사스 지역은 지나치게 건조하고 더운 날씨가 이어진 탓에 텍사스 중부 '공룡 협곡 주립공원'의 강바닥이 노출되면서 1억 3000만 년 전의 공룡 발자국 화석이 모습을 드러냈다. 발자국의 주인공은 키 4.5m, 몸무게 7톤의 수각류 공룡인 아크로칸토사우루스였다. 같은 해 여름 중국은 1960년대 관측 이래 가장 긴 2개월 이상의 폭염을 겪는 동시에 극심한 가뭄에 시달렸다. 양쯔강 주요 구간의 수위가 지난 5년 평균보다 50% 이상 낮아졌는데, 상류인 러산시 구간에서는 강 수위가 2m 이상 낮아지며 세계 최대 석불인 러산대불의 받침대가 드러났고, 충칭시 구간에서는 600년 전에 만들어진 것으로 추정되는 불상이 3개나 발견되었다.

2022년 여름 가뭄으로 유럽 곳곳에서 다양한 유물과 유적이 모습을 드러냈다. 스페인 서부의 발데카냐스 저수지에서는 선사시대 돌기둥 수백 개가 신비한 자태를 보여줬다. 7000년 전에 세워진 것으로 추정되는 이 유적은 '과달페랄의 고인돌'이라 불린다. 1926년 독일 고고학자가 발견한 이 고인돌은 1963년 댐이 건설되면서 침수되었다. 그 후 네 차례 모습을 드러낸 적이 있으며, 2022년 여름 이베리아반도의 건조한 날씨로 저수지 수위가 내려가자 다시 한번 그 모습을 온전히 드러냈다. 스페인 북서부 갈리시아 지역에서는 로마 요새가 웅장한 모습을 나타냈다. 69~79년에 건설된 이 요새는 1949년 저수지가 지어지면서 물속에 잠겼다가 가뭄으로 2만 4000km² 규모의 면적 전체를 드러냈다. 이와 함께 이곳에 1992년 저수지 건설로 수몰되었던 아세레도 마을도 옛 모습을 드러내 관광객을 불러 모았다.

　이탈리아에서는 포강의 수위가 70년 만에 최저치를 기록하면서 북서부 피에몬테에서 고대 마을 유적이 나타났고, 로마 티베르강에서는 네로 황제가 건설한 것으로 추측되는 다리 유적이 드러났다. 이 다리는 네로 황제가 강 건너에 살던 모친 아그리피나의 저택에 편히 오가도록 건설한 것으로 알려졌다. 또 이탈리아 북부 롬바르디아 오글리오강에서는 청동기 시대 목재 건축물의 기초가 나왔다. 한편 노르웨이에서는 빙하가 녹으면서 1300년 전의 화살, 로마 시대 샌들, 철기 시대의 양털 옷 등이 발견되었다.


## 빙하가 녹자 자연 경관이 바뀌고
## 희토류 채굴도 가능해져

　지구온난화로 알프스, 그린란드 등에 있는 빙하가 녹으면서 자연 경관이 바뀌고 있다. 이에 따라 새로운 볼거리가 생기며 새로운 관광의 기회가 찾아오고 있다. 알프스의 나라 스위스에 자리한 멋진 도시는 대부분 호수를 끼고 있는데, 호수는 관광객에게 더할 나위 없는 풍경을 선사한다. 2021년 스위스연방 수생과학기술원은 기후변화로 지난 10년간 180개가 넘는 호수가 새로 만들어졌다고 밝혔다. 1850년 소빙하기가 끝난 직후부터 집계하면 1200개에 이르는 호수가 스위스 알프스에 생겨났다고 한다.

기후변화로 알프스에 호수만 늘어난 게 아니다. 기온이 올라 눈이 녹으며 얼음 동굴도 생겼다. 한가운데가 뻥 뚫린 구멍이 관광객의 눈길을 끌고 있다. 애니메이션 〈겨울왕국〉의 주인공이 살 것만 같은 멋진 풍경 덕분에 관광 명소로 떠오르고 있다. 또 알프스는 미래에 하얗게 눈 덮인 모습보다 푸르른 모습이 더 친숙해질 것으로 전망된다. 온난화로 기존의 한랭한 기후나 만년설 등이 사라지며 식물이 자라는 데 우호적 환경으로 바뀌고 있기 때문이다.

한편 그린란드에서도 빙하가 녹으면서 만들어지는 호수(융해호)가 갑자기 많아지며 섬의 풍경이 변하고 있다. 이에 더해 그린란드는 빙하가 녹으면서 또 다른 요인으로 전 세계의 주목을 받고 있다. 바로 6억 톤이 넘는 희토류가 매장된 것으로 추정되기 때문이다. 희토류는 스마트폰, 전기자동차 같은 첨단 제품 제조에 사용되므로 전 세계에서 수요가 많다. 그린란드는 온난화로 2010년대부터 만년설이 녹아내리고 얼어붙었던 주변 바다가 녹으면서 자원 탐사가 수월해지고 바닷길이 열린 덕분에 채굴한 희토류를 실어나르게 되었다. 이에 최근 빌 게이츠, 제프 베이조스 같은 글로벌 억만장자들이 그린란드 희토류 채굴 사업에 거액을 투자하며 뛰어들고 있다.

## 우리나라는 지리적 위치 덕에
## 북극 항로의 이점 누린다

지구온난화로 북극의 빙하가 녹는 것은 북극곰에게는 슬픈 일이지만, 한편으로 해양 선박에는 반가운 일일 수 있다. 북극 해빙이 줄어들면서 북극 항로라는 새로운 뱃길이 열리고 있기 때문이다. 북극 항로는 북극해를 통해 극동(또는 북미)과 유럽을 잇는 뱃길을 말한다. 크게 북동 항로와 북서 항로로 나뉜다. 북동 항로는 러시아 해역을 거쳐 아시아와 유럽을 오가는 뱃길이고, 북서 항로는 캐나다 해역을 거쳐 북미와 유럽을 잇는 뱃길이다.

우리나라에서 수에즈운하를 통과하는 기존 항로 대신 북극 항로(엄밀하게는 북동 항로)를 이용해 유럽으로 화물을 실어 나른다면 항해 거리와 운항 일수가 줄어들고, 이에 따라 연료비와 물류비 또한 줄어든다. 예를 들어 부산에서 출발한 배가 네덜란드 로테

르담까지 항해한다고 할 때, 인도양을 거쳐 수에즈 운하를 통과하는 기존 항로는 운항 거리 2만 2000km에 운항 일수가 40일이나 되는 데 비해 북극해의 러시아 해역을 거치는 북동 항로는 운항 거리 1만 5000km에 운항 일수가 30일에 불과하다. 북극 항로를 이용하면 기존 항로보다 운항 거리가 32% 단축되고 운항 일수가 10일 줄어 선박의 연료비와 물류비를 절약할 수 있다. 북극 항로를 통해 운항 시간과 비용을 줄이는 효과는 아시아와 유럽뿐만 아니라 북미에 있는 미국, 캐나다와 유럽 간에 북서 항로를 이용한 해상 교역에서도 얻을 수 있다.

그렇다고 해서 러시아 해역을 거쳐 유럽을 오가는 북극 항로(북동 항로)의 이점을 아시아의 모든 국가가 누릴 수 있는 것은 아니다. 홍콩 이북에 있는 국가들만 북극 항로를 이용할 때 절감 효과를 얻을 수 있다. 태국, 베트남, 캄보디아에서는 북극 항로보다 수에즈운하를 통과하는 기존 항로를 이용하는 것이 거리상 유리하다. 우리나라는 지리적 위치 덕분에 북극 항로를 이용하는 이점을 누릴 수 있다.

물론 북극 항로를 이용하려면 해결해야 할 과제가 있다. 먼저 해빙으로 항로가 막혔을 때 얼음을 부수는 데 쓰는 쇄빙선이 필요하다. 쇄빙선은 건조 비용이 일반 선박보다 5배 정도 더 들어간다. 우리나라는 아라온호라는 쇄빙선을 활용해 북극 항로를 탐사하고 있다. 쇄빙선을 쫓아가는 선박도 보통 선체로는 이동하기 어려우므로 새롭게 설계해야 한다. 또 북극해에서 빙하나 안개가 출현해 선박이 운항하는 데 장애가 될 수 있으니, 극 지역의 유빙 정보와 기상 정보를 확보해야 한다. 이런 과제들을 잘 해결한다면 북극 항로는 우리나라 해상 운송 분야에 새로운 기회를 열어줄 것이다.

## 핏빛으로 물든 알프스, 알고 보니 기후변화 탓?

아는 것이 **힘**

프랑스 지역에 있는 알프스 고원지대에 하얀 눈이 덮인 모습은 흔한 풍경이다. 하지만 이 하얀 눈이 붉게 물들어 있다면 예사로운 일이 아니다. 빨간색 물감을 뿌려놓은 것처럼 이곳저곳에 핏빛이 감돈다. 손으로 눈을 파헤치면 지표에서 10cm 정도 깊이까지 붉은색이 보인다. 무슨 일이 벌어진 걸까. 이는 사람이나 동물이 흘린 피로 생긴 게 아니다. 과학계에서는 눈에 나타난 이런 색깔 변화를 '빙하의 피'라고 한다.

최근 '빙하의 피'가 계속 관찰되자 프랑스 그르노블알프스대학교 연구진이 알프스산맥에서 고도 1250~2940m 사이의 지표 158곳을 선택해 샘플을 채취했다. 연구진은 이 샘플들에서 미세조류를 확인한 뒤 '빙하의 피'가 미세조류 때문임을 밝혀내고 2021년 6월 국제학술지 《프런티어스 인 플랜트 사이언스》에 이 사실을 발표했다. 미세조류는 현미경으로 봐야만 형태를 알 정도로 작은 생물이다. 광합성을 하며 주로 물에서 사는데, 뜬금없이 산의 눈 속에 산다니 그이유가 뭘까.

알프스산맥에서 발견되는 '빙하의 피.' 대기 중 이산화탄소가 증가하면서 알프스
눈 속에서 살게 된 미세조류 때문에 생기는 현상이다(그림 32).

연구진은 대기 중 이산화탄소 농도가 증가하면서 미세조류가 알프스 눈 속에서 살 수 있게 되었다고 설명했다. 미세조류는 기본적으로 햇빛과 함께 이산화탄소가 풍부하면 잘 성장한다. 그렇다면 왜 하필 붉은색을 띠었을까. 알프스 눈에서 발견된 미세조류는 사실 엽록소를 간직하고 있는 녹조류다. 원래 녹색을 띠는 게 정상이지만, 미세조류에는 엽록소 외에 카로티노이드라는 붉은 색소가 많이 들어 있다. 연구진은 카로티노이드가 강렬한 햇빛, 특히 자외선에서 미세조류를 보호하는 역할을 한다고 분석했다. '빙하의 피'는 미세조류의 방어 무기였던 셈이다.

문제는 붉은색을 띠는 눈이 하얀 눈보다 더 많은 햇빛을 흡수할 가능성이 크다는 사실이다. 그러면 지표 온도가 높아지고 눈이 녹는 속도도 빨라진다. 결국 '빙하의 피'는 기후변화를 일으키는 이산화탄소 증가의 결과물인 동시에 기후변화를 부추기는 원인이 될 수 있다는 뜻이다.

# 3장

# 기후변화, 우리는
# 무엇을 준비해야 하는가

# 당신의 탄소발자국은 얼마?

## 탄소의 발생 자취를 뒤쫓는 '탄소발자국'

아침에 일어나 샤워를 하고 모닝커피에 샌드위치로 아침을 먹은 뒤 자동차로 출근한다. 일반인의 흔한 일상이지만 의외로 이 과정에서 이산화탄소가 많이 발생한다. 언제부턴가 동네 마트에 가면 진열대에서 $CO_2$ 그림이 포장지에 붙어 있는 탄산음료나 즉석식품을 만날 수 있다. 이는 제조 과정에서 배출되는 이산화탄소를 줄이려고 노력했음을 정부로부터 인증받았다는 표식이다. 이처럼 개인이나 단체(기업)가 활동하면서 직간접적으로 이산화

일회용 종이컵은 제작 과정에서 자체 무게보다 더 큰 탄소발자국을 남긴다(그림 33).

탄소를 많이 내놓는데, 이렇게 배출된 온실가스의 양을 이산화탄소로 환산한 총량이 바로 '탄소발자국'이다. 즉 탄소발자국은 일상에서 전기, 연료를 포함한 각종 제품을 생산하고 소비하고 폐기할 때까지 발생하는 온실가스(이산화탄소)의 총량이라고 할 수 있다.

탄소발자국은 2006년 영국 의회과학기술국(POST, Parliamentary Office of Science & Technology)에서 만든 용어로, 개인별이나 제품별로 탄소 배출량을 계산하게 해준다. 탄소발자국은 무게 단위(kg)나 심어야 할 나무 그루 수로 표현한다. 예를 들어 1회용 종이컵은 무게가 5g에 불과하지만 탄소발자국은 이보다 2배가 넘는 11g이다. 우리나라 사람은 1년에 종이컵을 약 120억 개 사용하는 것으로 알려져 있는데, 이를 탄소발자국으로 따지면 13만 2000톤에 이른다. 이렇게 막대한 양의 이산화탄소를 흡수하려면 20년생 소나무를 4780만 그루나 심어야 한다(국립산림과학원 조사를 따르면 20년생 소나무 한 그루가 연간 평균 2.76kg의 이산화탄소를 흡수한다). 우리 국민 한 사람이 1년에 적어도 20년생 소나무 한 그루씩은 심어야 종이컵이 남긴 탄소발자국을 없앨 수 있다는 의미다.

많은 국가에서 탄소발자국을 소비자가 파악하기 쉽도록 제품에 라벨을 붙이는 제도를 운영하는데, 이를 탄소라벨링 제도라고 한다. 이 제도는 2007년 영국의 카본 트러스트사가 '탄소감축라벨' 인증을 부여한 것이 시작이다. 이후 탄소의 발생 자취를 뒤쫓는다는 뜻에서 발자국 모양을 이용하면서 '탄소발자국'이라 부르게 되었다. 영국에서 시작된 탄소라벨링 제도는 스위스, 스웨덴, 미국, 캐나다, 일본, 태국 등으로 확대되었다.


## 탄소성적표지와 저탄소 제품 인증


우리나라는 탄소발자국이 포함된 환경성적표지 인증제도를 2001년부터 시행했으며, 2009년부터는 탄소발자국만 별도로 인증받는 탄소성적표지 인증제도를 시행하고 있다. 제품의 생산, 운송, 사용, 폐기 등 전 과정에서 배출하는 탄소의 총량(탄소 배출량), 즉 탄소발자국을 제품에 라벨(표지) 형태로 나타내는 방식이다. 이후 2011년 11월부터는 탄소 배출량 인증을 받은 제품 중에서 탄소 배출량이 적은 제품에 저탄소 제품 인증을 도입했다. 2016년 7월에는 탄소성적표지 제도가 환경성적표지 제도에 흡수·통합되었다. 이는 우리 정부에서 탄소발자국을 환경성적 표지의 '제품의 환경성에 대한 정보' 가운데 하나로 운영하고자 한 목적이다. 탄소성적표지라는 명칭도 2017년 1월부터 탄소발 자국으로 변경되면서 디자인이 바뀌었다.

환경성적표지는 제품과 서비스의 환경성을 높이고자 제품과 서비스의 원료 채취, 생산, 수송·유통, 사용, 폐기 등 전 과정에 대한 환경 영향을 계량적으로 표시하는 제도다. 크게 7대 영향 범주가 있는데 여기에는 탄소발자국이 산성비, 광화학 스모그, 부영양화(대기, 수계, 토양에 질소, 인 등 유기물질의 농도가 과다해짐에 따른 생태계 영향), 오존층 영향, 물발자국(인간 활동이 수자원에 미치는 영향), 자원발자국(광물, 화석 연료 등의 개발과 소비로 인한 영향)과 함께 포함된다.

탄소성적표지 제도가 실시된 이후 탄소발자국 인증과 저탄소 제품 인증은 꾸준히 늘고 있다. 2023년 8월 기준으로 431개 기

탄소발자국 인증 마크(그림 34-1).     저탄소 제품 인증 마크(그림 34-2).

업에서 2002개 제품이 탄소발자국을 포함한 환경성적표지 인증을 받았는데, 이 중 178개 기업 608개 제품이 저탄소제품 인증을 받았다. 제주특별자치도개발공사의 제주 삼다수, 삼양사의 큐원 하얀설탕부터 포스코의 열연강판, 한일시멘트의 레디믹스트 콘크리트까지 다양한 제품뿐만 아니라 한국철도공사의 철도운송서비스 KTX 서울-부산 노선, 아시아나항공의 항공운송서비스 인천-LA 노선 등과 같은 서비스도 탄소 배출량을 줄이고자 노력해 환경성적표지 인증이나 저탄소제품 인증을 받았다. 이런 제품이나 서비스는 한국환경산업기술원 환경성적표지 누리집(www.greenproduct.go.kr/epd)에서 찾아볼 수 있다. 소비자들이 탄소발자국 인증을 받은 상품이나 서비스를 더 많이 이용한다면, 기업은 매출이 늘어 친환경 제품 개발에 더 많이 투자할 수 있다. 이렇게 환경을 위한 선순환 구조가 형성된다면 기업은 자연히 제품의 탄소발자국을 줄이고자 더 많이 노력할 수 있다.

## 에너지 절약은 기본이고 먹거리도 가려야

탄소발자국은 물건을 생산할 때는 물론이고 일상에서 물품, 전기, 연료, 물 등을 사용하거나 각종 교통수단을 이용할 때도 발생한다. 개인이 탄소발자국을 줄이려면 먼저 탄소발자국 인증 제품을 사용하는 것이 좋다. 또 일회용품을 덜 사용하고 전기, 연료, 수돗물, 종이 등을 절약하는 것도 좋은 방법이다. 예를 들어 절전형 또는 고효율 가전제품을 사용하고, 겨울에 내복을 입고 실내 온도를 조금 낮추거나 샤워 시간을 줄여 온수를 적게 사용하는 식으로 실천할 수 있다.

우리나라에서는 일상에서 탄소발자국을 줄이는 녹색 생활을 실천하도록 권장해 왔다. 2008년에 전 국민이 참여하는 '그린스타트 운동'을 시작했고, 2011년부터는 이를 장려하고자 그린카드를 발급했다. 그린카드는 저탄소·친환경 제품을 구입하거나 가정에서 전기, 도시가스, 수돗물의 사용량을 절감하면 에코머니라는 포인트를 적립해 주는데, 에코머니는 현금처럼 쓰거나 대중교통을 이용할 때 할인 혜택을 받을 수 있다.

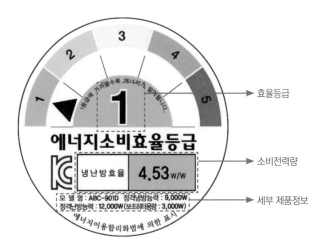

에너지소비효율등급 라벨. 가전제품은 에너지소비효율등급이 1등급에 가까울수록
에너지가 절약되므로 탄소발자국도 줄일 수 있다(그림 35).

에너지 절약은 탄소발자국을 줄이는 데 효과적이다. 예를 들
어 보일러의 난방 온도를 2℃만 낮추면 이산화탄소 발생량을
연간 52.86kg 줄일 수 있고, 보일러 사용 시간을 1시간 단축하
면 이산화탄소 절감량이 연간 135.50kg에 달한다. 보일러뿐만
아니라 에어컨도 잘 관리해야 한다. 에어컨 온도를 너무 낮추
지 말고 필터를 깨끗이 청소해 전기 소모를 줄이면 좋다. 에어
컨을 1시간 덜 사용하면 탄소발자국을 연간 13.12kg 줄일 수 있
다. 또 일상에서 물을 절약하면 정수장에서 정수한 물을 가정으
로 가져오는 과정의 탄소발자국을 줄일 수 있다. 자가용 대신 대
중교통을 이용하는 것도 환경에 도움이 된다. 실제 자가용을 이

용할 때 탄소발자국은 2100g에 달하지만, 50분간 지하철을 탈 때 나오는 탄소발자국은 20g에 불과하기 때문이다. 아울러 전기 설약도 중요하다. 예를 들어 텔레비전 시청 시간을 1시간 줄이면 탄소발자국을 연간 7.35kg 줄일 수 있다. 우리나라에서는 1992년부터 가전제품에 에너지소비효율등급 표시제를 의무화했고, 2009년부터 에너지소비효율등급 라벨에 이산화탄소 배출량도 함께 표시하고 있다.

음식도 가려 먹어야 한다. 라테를 마시기보다 홍차를 마시는 게 탄소발자국을 줄이는 데 유리하다. 하루 평균 홍차 4잔을 물만 부어 마신다면 연간 탄소발자국은 30kg에 불과하지만, 하루 평균 라테 3잔을 마시면 연간 탄소발자국은 이보다 대략 20배나 많아 비행기가 유럽을 절반가량 날아가며 남기는 탄소발자국과 비슷하다. 그 까닭은 라테에 들어가는 우유에 있다. 소를 키워 우유를 생산하는 과정에서 온실가스가 많이 발생하기 때문이다. 또 간단한 식사로 먹는 햄버거 1개의 탄소발자국은 약 2.5kg이나 된다. 원료 생산부터 매장 운영까지 고려한 수치다. 고기 섭취를 줄이는 것 역시 탄소발자국을 줄이는 좋은 방법이다. 고기 1kg이 식탁에 오르려면 가축에게 곡물을 30kg 이상 먹여야 하기 때문이다. 최근 국내에 불고 있는 비건(채식) 열풍이 지구를 살리는 길이 될 수 있다.

# 칼로리 제로?
# 탄소 제로!

## 지구를 위한 탄소 다이어트

탄산음료, 맥주, 소스 중에는 제로 칼로리를 앞세워 광고하는 식품이 늘고 있다. 다이어트에 관심이 많은 사람은 제로 칼로리 식품을 선호하기도 한다. 그렇다면 이 식품들의 칼로리가 정말 제로일까. 전혀 그렇지 않다. 실제 제로 칼로리 식품도 칼로리를 아주 적은 양 포함한다. 단지 섭취한 뒤 소화하는 과정에서 몸이 소모하는 에너지가 더 크므로 '제로 칼로리'라는 표기를 허용할 뿐이다. 식품의약품안전처의 '식품 등의 표시 기준'에 따르면 열

세계 각국이 지구를 위한 '탄소 다이어트'라고 할 수 있는 '탄소 중립'을 선언하고 있다
(그림 36).

량이 일정량 이하인 식품은 임의로 무열량 또는 저열량이라는 '영양 강조 표시'를 할 수 있다. 구체적으로 식품 100mL당 열량이 4kcal 미만일 때 제로 칼로리라고 표시할 수 있다. 제로 칼로리 식품이 낮은 칼로리를 유지하며 맛을 내는 비결은 설탕보다 적은 양으로도 단맛이 강한 스테비아, 아스파탐 같은 감미료를 이용하는 데 있다.

최근 제로 칼로리만큼 주목받는 용어가 탄소 제로다. 산업혁명 이후 인류가 배출한 이산화탄소 때문에 지구온난화가 심각해져 이산화탄소 배출을 막는 것이 중요해졌다. 이에 전 세계 각국이 탄소 제로를 강조하고 있다. 탄소 제로는 이산화탄소의 양을 0으로 만들겠다는 뜻이 아니라 이산화탄소를 배출하는 만큼 흡수하거나 제거해 실질적인 탄소 배출량을 0으로 만든다는 개념이다. 즉 탄소 배출량과 탄소 흡수·제거량이 같아져서 이산화탄소가 더 증가하지 않는 상태라는 의미에서 탄소 제로는 '탄소 중립(carbon neutrality)'이라 불리기도 한다. 어떤 면에서 탄소 제로는 지구를 위한 '탄소 다이어트'라고 할 수 있다.

지구의 기온 상승을 막으려면 탄소 배출을 줄여야 한다. 탄소 배출을 충분한 수준으로 줄이고, 배출된 탄소는 흡수하거나 제거해 탄소의 영향을 최소화한 상태가 지구온난화에 잘 대처하는 이상적인 미래라고 할 수 있다. 이런 미래 모습을 명확하게 보여주고 행동 목표를 제시하는 개념이 바로 탄소 중립이다. 그래서 전 세계 주요국에서는 탄소 중립을 선언하고 나섰다.

## 전 세계 70여 개국 탄소 중립 선언

전 세계 195개국은 2015년 유엔기후변화협약 당사국총회에서 지구온난화에 따른 기온 상승 폭을 산업화 이전에 비해 가능하면 1.5℃ 이하로 막고자 노력한다는 내용을 담은 파리 협정을

2015년 파리 협정의 최종 합의문이 채택된 뒤 반기문 유엔 사무총장과 각국 정상들이 기뻐하고 있다(그림 37).

채택했다. 기온 상승을 1.5℃ 이하로 막아야 한다는 인식 아래 각 나라는 온실가스 감축 목표를 자체적으로 정하고 2050년까지의 장기저탄소발전전략을 수립해 제출하기로 했다. 2018년 IPCC 총회에서는 좀 더 구체적인 방향을 제시했다. 2100년까지 지구 평균 온도 상승 폭을 1.5℃ 이내로 막으려면 2030년까지 이산화탄소 배출량을 2010년보다 최소 45% 이상 줄여 2050년 전후에 탄소 중립을 달성해야 한다는 내용이다.

탄소 중립을 달성하려면 기본적으로 이산화탄소 배출량을 줄이는 동시에 이미 배출된 이산화탄소를 제거해야 한다. 탄소 배출을 줄이려면 화석 연료 대신 신재생에너지를 이용해야 하고 산업, 교통, 농축산 분야 등에서 저탄소 기술을 개발해야 한다. 또 탄소를 제거하려면 이산화탄소를 흡수하는 나무를 많이 심고 탄소 포집 기술 등을 개발해야 한다. 이와 아울러 전 세계 기업들 역시 탄소 배출을 줄이려는 노력을 강화하고 있다.

세계 주요 국가는 탄소 중립을 이루고자 관련 정책을 제시하고 기술 개발에 나서고 있다. 이미 전 세계에서 70개가 넘는 국가가 탄소 중립을 선언했는데, 대부분 국가가 2050년까지 탄소 중립을 달성하겠다는 목표를 내걸었다. 예를 들어 미국은 바이든 행정부의 4년 임기 동안 2조 달러를 투입하는 '청정에너지·인프라 계획'을 추진해 2050년 탄소 중립을 달성할 계획이고, 유럽은 2019년에 유럽연합(EU) 집행위원회에서 2050년 탄소 중립 달성을 골자로 한 '유럽 그린딜'을 발표했다. 영국, 프랑스, 스웨덴 같은 일부 국가는 이미 탄소 중립을 법제화했다.

## 우리나라 '2050 탄소 중립 시나리오'는?

우리나라는 2020년 10월 문재인 전 대통령이 2050년 탄소 중립 목표를 처음 제시하면서 전 세계 탄소 다이어트 대열에 합류

했다. 같은 해 12월 우리 정부는 '2050 탄소 중립 추진전략'을 발표했다. 즉 탄소 중립과 함께 경제성장, 삶의 질 향상이라는 세 마리 토끼를 잡겠다는 목표를 내세우며 경제 구조 저탄소화, 저탄소 산업생태계 조성, 탄소 중립 사회로의 공정 전환이라는 3대 정책 방향을 제시했다. 구체적으로 에너지 공급원을 화석 연료에서 신재생에너지로 전환하고 철강산업, 석유화학산업처럼 탄소 배출량이 많은 산업에는 친환경 기술 개발을 지원한다. 또 전기차, 수소차 같은 친환경 차량의 생산과 보급을 확대하고 신규 건물에는 에너지를 적게 사용하는 제로 에너지 건축을 의무화한다. 저탄소 산업생태계를 마련하고자 차세대 전지와 탄소 포집·활용·저장(CCUS, Carbon Capture Utilization and Storage)에 관한 핵심 기술을 확보하고 저탄소 분야 유망 기술을 갖춘 기업을 발굴해 지원한다.

2021년 9월 정부는 탄소 중립 목표를 법제화한 '기후 위기 대응을 위한 탄소 중립·녹색성장 기본법', 즉 '탄소중립기본법'을 공포했다. 2050년 탄소 중립을 국가 비전으로 명시하고 이를 달성하고자 국가 전략, 중장기 온실가스 감축 목표, 기본계획 수립 및 이행점검 등의 법정 절차를 체계화했다. 탄소중립기본법은 온실가스 감축, 기후 위기 적응, 정의로운 전환, 녹색성장이라는 분야별로 시책을 두고 있다. 또 과학기술정보통신부는 '탄소 중립 기술 혁신 추진전략'을 수립했다. 이는 태양광, 풍력, 수소, 바이오에너지, 탄소 포집처럼 탄소 중립에 핵심적인 기술의 연구 개발을 지원하는 전략이다.

우리나라는 2021년 10월에는 '2050 탄소 중립 시나리오'를 발표했다. 이는 2050년 탄소 중립에 이르는 과정과 미래 탄소 중립 사회의 모습을 제시해 로드맵 역할을 한다. 정부는 또한 각 분야 전문가, 연구자 등이 참여하는 탄소중립위원회를 구성해 탄소 중립 시나리오도 만들었다. 탄소중립위원회는 화력발전을 전면 중단하는 방안(A안)과 화력발전을 일부 유지하되 탄소 포집 같은 탄소 제거 기술을 적극 활용하는 방안(B안) 등 두 가지 시나리오를 승인했다. A안은 재생에너지 비중을 70.8%로 높이는 동시에 전기차, 수소차 같은 무공해 차량의 보급률을 97%로 높인다는 내용을 포함하고 있다. B안은 화력발전 중 석탄발전은 중단하되 LPG 발전은 일부 유지해 국내 탄소 배출량이 일부 남게 되며, 무공해 차량 보급률은 85% 수준을 달성하는 미래를 제시했다.

전 세계 많은 기업도 사용 전력 100%를 재생에너지로 충당하겠다고 자발적으로 나서고 있다. 이렇게 약속하는 글로벌 캠페인을 '재생에너지 전기(Renewable Electricity) 100%'를 뜻하는 'RE100'이라고 한다. RE100은 2014년 국제 비영리단체인 글라

이미트 그룹과 탄소정보 공개프로젝트(CDP, Carbon Disclosure Project)가 주도로 개최한 '뉴욕 기후주간'에서 처음 시작됐다. 발족 당시 이케아를 비롯한 13개 기업이 참여했고, 이후 글로벌 기업 구글, 애플 등이 동참하면서 2022년 기준으로 가입 기업이 총 300개 이상으로 늘었다. 우리나라는 2020년 SK그룹의 6개 자회사를 비롯해 현대자동차, KT, 아모레퍼시픽, 네이버 등이 가입했다. RE100은 구체적으로 2050년까지 기업에서 사용하는 전략량의 100%를 재생에너지 전기로 대체하는 것이 목표다. 태양열, 태양광, 풍력, 수력, 바이오, 지열 등을 이용한 에너지를 사용하겠다는 뜻이다. 회원사들은 RE100을 달성하고자 태양광 발전시설 같은 설비를 이용해 직접 재생에너지를 생산하거나 재생에너지 발전소에서 전기를 사들여 공급할 수 있다.

　2022년 10월에는 기존의 탄소중립위원회와 녹색성장위원회가 합쳐져 '2050 탄소중립녹색성장위원회'가 출범하면서 탄소중립·녹색성장 추진전략과 기술혁신전략을 발표했다. 특히 원전 확대와 신재생에너지의 조화로운 활용, 석탄발전 감축과 무탄소 신전원 도입, 미래형 전력망 구축 등을 통해 실현 가능하고 균형 잡힌 '전원 믹스'를 구성할 계획을 제시했다. 또 지역 맞춤형 탄소중립 전략을 수립하고 중앙부처와 지자체 간 정례회의를 운영함으로써 지방이 중심이 된 탄소중립 정책을 내실화할 방침도 내놓았다. 아울러 좁은 국토 면적, 저풍량 환경, 제조업 중심의 산업 구조, 에너지 안보 위협 등 우리나라 특성에 맞춰 '한국형' 탄소중립 100대 핵심기술을 집중적으로 육성하겠다고 밝혔다. 이후 2023년 4월, 2050 탄소중립녹색성장위원회는 '제1차 국가 탄소중립 녹색성장 기본계획(안)'을 심의·의결했다.

# 방귀에 세금을
# 매긴다고?

## 이산화탄소보다 강력한 온실가스 메탄 뿜어내

지구온난화를 일으키는 대표적 온실가스는 이산화탄소이
지만 이산화탄소보다 배출량은 적으면서 더 강력한 온실가스
가 메탄이다. 온실 효과의 척도인 지구온난화지수(GWP, Global
Warming Potential)는 메탄이 이산화탄소보다 21배 크다. 메탄은 산
불이 나거나 화석 연료를 태우는 과정에서 나오며, 논과 같은 습
지에서도 방출된다. 또 습한 환경에서 배설물, 음식물 쓰레기 같
은 유기물질이 분해될 때 많이 생성된다. 심지어 동물이 트림하

거나 방귀를 뀔 때도 메탄이 배출된다.

그렇다면 내가 뀌는 방귀도 지구온난화에 영향을 미칠까? 사람의 방귀에는 질소, 이산화탄소, 메탄, 수소, 암모니아, 황화수소 등이 들어 있다. 전 세계 인구가 방귀를 뀐다면 이산화탄소가 많아져 온실 효과에 영향을 줄 수 있겠지만 지구온난화를 일으킬 정도는 아니다. 하지만 소나 양처럼 되새김질하는 반추 동물은 풀을 소화할 때 메탄이 더 많이 발생한다. 소나 양의 트림이나 방귀에 메탄이 많이 포함되어 있다는 뜻이다.

소 한 마리가 트림과 방귀로 내뿜는 메탄은 매일 160~320L 정도이고, 소 한 마리가 1년간 배출하는 메탄의 양은 육우가 50kg 이상, 젖소가 120kg 이상이다. 소형차가 1년간 배출하는 메탄의 양이 약 200kg임을 고려하면 적지 않은 양이다. 전 세계에서 소나 양 같은 반추 동물이 내놓는 메탄은 연간 20억 톤($CO_2$ 환산량)으로 추정되는데, 이는 전 세계에서 발생하는 온실가스의 약 4%를 차지한다.

유엔 식량농업기구(FAO)는 2006년 기후변화의 주요 원인 중 하나로 축산업을 지목하기도 했다. FAO의 2021년 보고서에 따르면 전 세계 가축이 내뿜는 온실가스의 양은 71억 톤($CO_2$ 환산량)에 달하는데, 이는 전 지구에서 1년간 발생하는 온실가스량의 14.5%에 이른다. 또 IPCC 제6차 보고서에 따르면, 메탄은 지

소는 트림과 방귀로 상당한 양의 메탄을 배출한다. 젖소 한 마리가 1년간 내놓는 메탄의 양은 소형차 배출량의 절반을 넘는다(그림 38).

구온난화의 약 30%에 달하는 원인을 제공한다. 즉 메탄은 지구기온 0.5℃ 상승의 원인 물질이다. 특히 가축에서 나오는 메탄을 그저 보고만 있기에는 사태가 너무 심각하다.

## 에스토니아에서 뉴질랜드까지 '방귀세' 도입

사태의 심각성을 인식한 국가들은 소 방귀에 세금, 일명 '방귀세(fart tax)'를 매기기 시작했다. 축산업이 지구온난화에 악영향을 미치기 때문에 '오염자 부담 원칙'에 따라 정화 비용을 내야 한다는 논리다. 방귀세는 가축을 키우는 농가에 부과하는 환경세다.

실제로 북유럽에 있는 에스토니아는 2009년부터 소를 키우는 목장에 방귀세를 부과하고 있다. 에스토니아가 방귀세를 도입한 이유는 소가 트림과 방귀로 내놓는 메탄의 양이 이 나라 전체 메탄 배출량의 25%를 차지하기 때문이다. 덴마크, 아일랜드, 뉴질랜드도 소 사육 농가에 방귀세를 물리는 법을 추진했다. 덴마크는 소 한 마리당 방귀세를 110달러 부과하며, 아일랜드는 18달러 매기고 있다.

세계 최대 낙농국인 뉴질랜드는 2003년 가축에 방귀세를 도입하려다가 농민단체의 반발에 부딪혔다. 그러다 2022년 뉴질랜드 정부는 2025년 기후변화에 대응하는 세금 부과 계획을 발표하면서 소의 트림과 방귀에서 나오는 메탄, 분뇨에서 배출되는 아산화질소에 세금을 부과하겠다고 밝혔다. 아산화질소는 지구온난화지수가 이산화탄소보다 310배나 큰 온실가스다. 특히 메탄의 경우 소의 배출량이 뉴질랜드 전체 배출량의 절반 정도로 추정된다. 뉴질랜드 정부는 메탄 배출량을 2030년까지 2017년 수준보다 10% 줄이고 2050년까지 47%를 줄이려면 이 같은 세금 부과가 필요하다고 주장했다.

미국에서 낙농업이 가장 번성한 캘리포니아주는 2016년에 소 방귀와 관련된 법안을 제정했다. 이 법령에 따르면 캘리포니아 주의 농부들은 가축에서 발생하는 메탄을 2030년까지 2013년의 배출량 수준보다 40%나 감축해야 한다. 이를 위해 캘리포니아주 정부는 약 600억 원을 투입해 가축이 내놓는 메탄을 에너지로 전환한 뒤 전기회사에 판매하도록 돕기로 했다.

## 소에서 나오는 메탄을 쿨이는 방법

세계 각국은 지구온난화를 막고자 메탄 배출량을 줄이려고 노력하고 있다. 2021년 제26차 유엔기후변화협약 당사국총회(COP26) 정상회의에서 105개국은 2030년까지 전 세계에서 배출되는 메탄의 양을 2020년에 비해 최소 30% 줄이는 '국제메탄서약'에 합의했다.

국제에너지기구에 의하면 2021년 국제메탄서약 참가국가와 비참가국가의 배출량에 눈에 띄는 차이를 보였다. 즉 소비 에너지에 따라 다르지만, 대체로 국제메탄서약 참가국의 메탄 배출량이 더 적었다.

온실가스인 메탄을 감축하려고 방귀세 부과 이외에도 다양한 방법이 동원되고 있다. 미국 캘리포니아주는 가축의 배출가스를

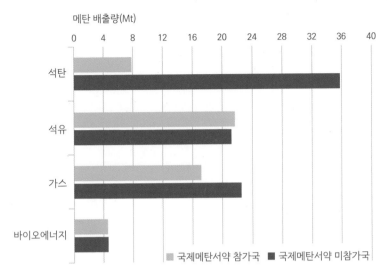

메탄 배출량(Mt)

국제메탄서약 참가국 ■ 국제메탄서약 미참가국

2021년 국제메탄서약 참가국 및 비참가국의 메탄 배출량 비교. 소비 에너지에 따라 다르지만, 대체로 국제메탄서약 참가국의 메탄 배출량이 적다(그림 39).

포집해 트럭 연료로 사용하는 방안을 2017년부터 시범적으로 시행하고 있다. 영국 스타트업 젤프는 소가 뿜어내는 메탄을 흡수하는 '소 마스크'를 개발했다. 소 마스크는 트림을 필터 장치에서 이산화탄소와 수증기로 바꿔 배출하는 저감 장치다.

소의 식단을 바꾸어 트림이나 방귀에 들어 있는 메탄을 줄이려는 연구도 진행되고 있다. 미국 버몬트주의 15개 농장은 기존에 사료로 쓰던 옥수수 대신 콩과 작물인 알팔파, 아마씨를 소에게 사료로 주고 있다. 그 결과 메탄 발생량이 이전보다 약 18%나 감소했다. 프랑스의 한 낙농기업은 오메가3 지방산을 소의 사료에 섞고 있다. 이 성분이 소의 소화를 도와 메탄 발생을 줄여 주기 때문이다. 호주 연방과학산업연구기구에서는 바다고리풀이라는 해조류의 추출물을 사료에 섞어 먹여 소의 메탄 배출을 80% 이상 줄이는 데 성공하기도 했다. 바다고리풀에는 메탄 생성을 막는 브로모포름이라는 물질이 들어 있다.

우리나라도 2030년까지 농축산 분야에서 2018년에 비해 약 22.6% 온실가스 감축을 목표로 삼았다. 구체적으로 반추 동물의 장내 발효 환경을 개선해 메탄 발생을 줄이고 가축 분뇨를 적정 처리해 메탄과 아산화질소를 감축하겠다는 내용이 담겼다. 농림축산식품부는 온실가스 감축 방안으로 저메탄, 저단백질 사료 보급, 식단 변경 등을 계획했다.

문제는 육류 수요가 늘면서 반추 동물의 수가 계속 늘고 있다는 점이다. 메탄 같은 온실가스의 배출을 소 같은 가축만의 책임으로 돌릴 수 없는 이유다. 궁극적으로 인류가 육식을 줄여야 지구온난화를 막을 수 있다. 소를 키우느라 열대우림을 없애는 일도 막을 수 있다. 독일, 스웨덴, 덴마크에서 진지하게 논의되고 있는 '육류세(meat tax)'도 가벼이 지나치기 어렵다. 육류세는 소, 돼지 같은 붉은 육류에 부과하는 세금이다.

# 노벨평화상을 받은 IPCC

## 2007년 노벨평화상, IPCC와 앨 고어 공동 수상

해마다 10월이 되면 전 세계에서 주목받는 상의 수상자가 발표된다. 바로 노벨상이다. 스웨덴의 화학자 노벨이 다이너마이트를 발명해 많은 재산을 모은 뒤 '인류 문명 발달에 기여한 사람에게 상을 수여하라'는 유언을 남긴 덕분에 탄생한 세계 최고 권위의 상이다. 1901년부터 물리학, 화학, 생리의학, 문학, 평화라는 5개 부문에서 노벨상을 수여했다(1969년에 경제학상 추가). 지금까지 수여된 노벨상 중에는 기후나 기후변화와 관련된 사례도 있다.

2007년 노벨평화상을 수상한
앨 고어(그림 40-1~2).

가장 유명한 예는 2007년 노벨평화상이다. 앨 고어 전 미국 부통령과 함께 IPCC에 수여되었다. 수상자 선정 이유로 노벨위원회는 인간이 기후변화에 미친 영향을 연구하고 이를 널리 알림으로써 기후변화 문제의 해결에 기여했다고 밝혔다. 고어 전 부통령은 정치 활동, 강연, 영화, 책 등으로 기후변화에 대응하고자 노력해 왔으며, 기후변화 대응이 시급하다는 인식을 전 세계에 확산하는 데 크게 기여한 인물이다. 그는 지구온난화에 대한 경각심을 불러일으키는 다큐멘터리 〈불편한 진실(Inconvenient Truth)〉에 내레이터로 출연하기도 했다. 이 작품은 2007년 아카데미상을 받았다. IPCC는 20년 이상 기후변화에 대한 과학 평가보고서를 발간하면서 인간 활동과 지구온난화 사이의 연관성에 대한 인식을 높이는 데 기여했다.

특히 IPCC는 1990년부터 5~7년 간격으로 기후변화 평가보고서를 발간할 때마다 인간 활동이 기후변화에 미치는 영향을 언급하며 전 세계적 대처를 촉구해 왔다. IPCC 기후변화 평가보고서는 세계 과학계의 관점을 종합적으로 반영한 가장 권위 있는 진술을 담고 있다. IPCC 보고서는 발간 횟수가 늘어날수록 지구온난화에 대한 인간의 영향을 점점 더 강하게 주장했고, 이런 메시지는 전 세계에 경각심을 불러일으키며 구체적인 행동을 불러왔다.

1990년 제1차 평가보고서에서는 '지구가 더워지고 있는 것은 사실이나 인류의 영향인지는 확실하지 않다'고 했지만, 1995년 제2차 평가보고서에서는 '인류가 지구온난화의 원인 중 하나'라고 전했다. 이에 따라 1992년 유엔기후변화협약이 체결되었고, 1997년 교토의정서가 채결되었다. 2000년대 들어서는 인류의 영향을 직접 언급하기 시작했다. 제3차 평가보고서(2001년)에서는 '지난 50년간 관측된 온난화의 66%는 인간 활동에 따른 것'이라고 했으며, 제4차 평가보고서(2007년)에서는 '관측된 온난화는 명백하며, 인류의 영향이 95% 이상'이라고 밝혔다. 제5차 평가보고서(2014년)에는 '인류가 지구온난화의 주범이며, 이는 명백한 사실'이라는 내용을 담았다. 이에 응답하기라도 하듯이 2015년 전 세계 195개국이 파리협정에 서명했다. 제6차 평가보고서(2022년)에서는 '대기와 해양, 토양의 온난화는 인간의 영향이 명백하다'고 강조했다. 온난화의 책임 소재가 인간임을 명백히 한 것이다. 제6차 평가보고서에는 세계 66개국 과학자 234명의 논문 1만 4000편을 자세히 조사한 결과물을 포함했다.

## 변위법칙 발견에서 '탄소세' 제시까지 노벨상 수여

1911년 노벨물리학상을 받은 빌헬름 빈 (그림 41).

기후나 기후변화와 관련해 수여된 노벨상 분야는 물리학, 화학, 경제학 등으로 다양하다. 먼저 1911년 노벨물리학상은 열복사 법칙을 발견한 독일 물리학자 빌헬름 빈에게 돌아갔다. 이는 '빈의 변위법칙'으로 유명하다. 빈의 변위법칙은 흑체가 방출하는 복사에너지의 최대 파장이 온도와 반비례한다는 것이다. 흑체는 모든 파장의 전자기파를 완전히 흡수하는 물체를 말하는데, 일정한 온도에서 열적 평형을 이루어 내보내는 빛과 흡수하는 빛의 양이 같다. 빈의 변위법칙은 흑체의 에너지 복사, 파장, 온도 사이의 관계를 결정하는데 필요한 조건 중 하나를 제시한다. 이로써 태양에서 나오는 에너지와 지구에서 방출되는 에너지를 파장과 온도로 설명할 수 있다. 즉 온도가 높은 태양(절대 온도 6000K)은 파장이 짧은 가시광선을 뿜어내고, 온도가 낮은 지구(절대 온도 300K)는 파장이 긴 적외선을 내놓는다. 더 나아가 태양 복사에너지가 지구에 미치는 영향을 파악함으로써 지구에서 기후, 계절, 날씨를 이해하게 되었다.

1995년 노벨화학상은 네덜란드의 파울 크루첸, 멕시코 출신의 미국인 마리오 몰리나, 미국의 셔우드 롤런드가 수상했다. 세

1995년 노벨화학상을 공동 수상한 파울 크루첸(왼쪽), 마리오 몰리나(가운데), 셔우드 롤런드(오른쪽), (그림 42-1~3).

사람은 오존층 파괴의 화학적 메커니즘을 연구한 공로를 인정받았다. 즉 자동차 배기가스에서 나오는 질소산화물이 대기 중 오존 분해를 촉진하는 촉매 역할을 한다는 사실을 밝혀냈다. 이들의 업적은 기후 연구에 큰 영향을 미치는 동시에 오존층 파괴의 위협을 알리면서 환경 문제를 해결하는 데 기여했다.

2018년 노벨경제학상은 미국 예일대학교 윌리엄 노드하우스 교수와 미주리대학교 폴 로머 명예교수가 함께 수상했다. 이 중 노드하우스 교수는 기후경제학자로 기후변화가 경제에 미치는 영향을 추산하는 방법을 고안했다. 그는 1970년대부터 기후변화 현상을 연구했으며 1990년대에는 인간의 경제활동과 에너지 소비, 기후변화의 상관관계를 진단하는 계량적 통합평가모형을 개발했다. 특히 이 모형은 기후변화를 늦추는 정책에 따라 비용과 편익이 얼마나 달라지는지를 시뮬레이션으로 계산하는 데 이용되었다. 이로써 노드하우스는 온실가스 배출로 인한 문제에 가장 효과적인 대처 방법이 모든 국가에 '탄소세'를 부과하는 것임을 증명했다는 노벨위원회의 평가를 받았다.

2018년 노벨경제학상을 받은 윌리엄 노드하우스(그림 43).

# 기후 행동 외치던 10대 소녀 그레타 툰베리, 노벨평화상 후보에 올라

"당신들은 자녀를 가장 사랑한다고 말하지만, 기후변화에 적극적으로 대처하지 않는 모습으로 자녀들의 미래를 훔치고 있다."

스웨덴의 10대 소녀 그레타 툰베리가 2018년 12월 폴란드에서 열린 '제24차 유엔기후변화협약 당사국총회(COP24)'에 참가해 기후변화 대응에 미온적인 전 세계 정상들에게 던진 발언이다. 툰베리는 2018년 9월부터 15세라는 어린 나이에 지구온난화에 심각성을 느끼고 환경운동을 시작했다. 금요일마다 등교를 거부하며 스웨덴 의회 앞에서 '기후를 위한 학교 파업(School Strike for Climate)'이라는 피켓을 들고 1인 시위를 벌였다. 이 시위 현장 사진을 SNS에 꾸준히 올리자 서구권의 많은 청소년이 호응했다. 이렇게 시작된 '미래를 위한 금요일(Fridays for Future)'은 이듬해 세계적인 기후 운동이 되었고, 전 세계 125개국 2000여 도시에서 학생 160만 명이 기후변화 행동을 촉구하는 시위에 동참했다. 툰베리가 참여한 2019년 9월 캐나다 몬트리올 시위에는 수십만 명이 몰려들었다.

툰베리는 2018년 제24차 유엔기후변화협약 당사국총회뿐만 아니라 2019년에는 1월 다보스포럼, 8월 유엔기후행동 정상회의에 참석해 세계 각국 지도자들에게 단호하고 선명한 메시지를 전달했다.

2018년 8월 스웨덴 의회 앞에서 '기후를 위한 학교 파업'이라는 피켓을 들고 1인 시위를 벌인 그레타 툰베리 (그림 44).

"많은 사람이 환경 문제로 고통을 당하며 죽어가고 모든 생태계가 무너지고 있다. 그런데도 당신들은 돈과 영원한 경제성장이라는 동화 같은 이야기만 한다. 어떻게 그럴 수 있는가? …… 미래 세대의 눈이 당신들을 향해 있다. 만약 우리를 실망시키는 쪽을 선택한다면 우리는 결코 용서하지 않을 것이다."

2019년 툰베리는 《타임》에서 '올해의 인물'로 선정되었고, 많은 언론에서 노벨평화상 수상 유력 후보로 주목받았다. 아쉽게도 노벨평화상을 받지는 못했지만, 환경과 국제개발 분야에서 '대안 노벨상'으로 불리는 '바른생활상(Right Livelihood Awards)'을 수상했다. 2021년에는 툰베리의 활동을 다룬 다큐멘터리 영화 〈그레타 툰베리〉가 개봉되기도 했다. 이제는 우리 모두 '지금 당장 행동하라'는 툰베리의 말에 귀 기울여야 할 때다.

# 리우에서 시작해
# 교토를 넘어 파리까지

## 리우환경회의,
## '온실가스 배출의 역사적 책임을 져야'

지구온난화는 어느 한 국가만의 문제가 아니다. 인류가 힘을 모아 공동으로 대처해야 하는 과제다. 전 세계가 머리를 맞대고 기후변화에 대응하려는 노력은 1979년에 시작되었다. 그해 스위스 제네바에서 열린 제1차 국제기후총회(World Climate Conference)에서 세계 각국의 기후학자들이 모여 기후변화의 원인을 제기하고 각국 정부의 조치를 촉구했다. 이후 유엔환경계획

1992년 브라질 리우데자네이루에서 열린 '리우환경회의.'
이 회의에서 유엔기후변화협약이 채택되었다(그림 45).

(UNEP, United Nations Environment Programme)은 세계기상기구와 함께 기후변화의 영향을 연구했고, 1988년 IPCC를 설립했다.

1992년 6월 브라질 리우데자네이루에서 역사적인 UNCED가 열렸다. '리우환경회의'로 유명한 이 회의에서 온실가스를 감축하자는 국제적 인식을 반영한 '유엔기후변화협약(UNFCCC, United Nations Framework Convention on Climate Change)'이 채택되었고, 전 세계 154개국이 서명했다. 선진국과 개발도상국이 '공동의, 그러나 차별화된 책임'에 따라 각국의 능력에 맞게 온실가스를 감축하기로 약속했다. 협약에는 기술적·경제적 능력이 있으면서 지금까지 에너지(특히 화석 연료)를 많이 사용해 온 선진국이 앞장서고 개발도상국의 사정을 배려한다는 원칙에 따라 협약 당사국을 셋으로 구분해 각기 다른 감축 의무를 지도록 정했다. 즉 부속서

**유엔기후변화협약 서명국 구분**

| 구분 | 소속 국가 |
|---|---|
| 부속서 1 국가 | 벨라루스, 불가리아, 체코, 에스토니아, 헝가리, 라트비아, 리투아니아, 모나코, 폴란드, 루마니아, 러시아, 슬로바키아, 슬로베니아, 우크라이나, 크로아티아, 리히텐슈타인, 몰타+부속서 2 국가 |
| 부속서 2 국가 | 호주, 오스트리아, 벨기에, 캐나다, 덴마크, 핀란드, 프랑스, 독일, 그리스, 아이슬란드, 아일랜드, 이탈리아, 일본, 룩셈부르크, 네덜란드, 뉴질랜드, 노르웨이, 포르투갈, 스페인, 스웨덴, 스위스, 튀르키예, 영국, 미국+EEC 국가* |

\* EEC 국가: 프랑스, 독일, 이탈리아, 벨기에, 네덜란드, 룩셈부르크, 영국, 아일랜드, 덴마크, 그리스, 스페인, 포르투갈

1(Annex I) 국가, 부속서 2(Annex II) 국가, 비부속서 국가로 나눴다.

먼저 부속서 1 국가에는 협약 체결 당시 경제협력개발기구(OECD) 국가, 유럽경제공동체(EEC) 국가, 산업혁명 당시 경제적 부를 축적한 국가(동유럽 시장경제 전환국)로 총 35개국이 포함되었고 이후 7개국이 추가되었다. 이 국가들에는 온실가스 배출에 대한 역사적 책임을 져야 한다는 이유로 2000년까지 온실가스 배출 규모를 1990년 수준으로 감축하라고 권고했다. 부속서 2 국가에는 OECD 국가와 EEC 국가가 포함되었는데, 이 중에서 24개 선진국은 개발도상국이 온실가스를 감축하고 기후변화에 적응하도록 기술을 이전하고 재정을 지원하는 의무를 졌다. 비부속 국가에는 부속서 1에 속하지 않은 개발도상국이 포함되었

으며, 우리나라도 이에 속했다. 비부속 국가는 온실가스 감축 의무가 없지만, 온실가스 감축과 기후변화 적응에 대한 보고, 계획 수립, 이행과 같은 일반적 의무를 감당해야 했다.

사실 모든 당사국이 온실가스를 감축하려는 국가 전략을 수립해 시행하고 그 결과를 공개해야 했다. 즉 온실가스 감축과 관련한 통계 자료와 정책 이행 보고서를 당사국총회(COP)에 전달해야 했다. 하지만 기후변화협약은 온실가스 감축에 대한 구속력이 없다는 것이 문제였다.

## 교토의정서, 선진국의 온실가스 감축 의무 구체화

리우환경회의에서 맺은 협약보다 더 구속력 있고 책임감을 지니도록 온실가스 배출을 줄이려는 구체적인 계획과 의무를 명기한 기후변화협약의 의정서가 바로 '교토의정서'다. 1997년 일본 교토에서 제3차 유엔기후변화협약 당사국총회(COP3)가 열렸는데, 여기서 교토의정서가 채택되었다. 선진국의 온실가스 감축 의무를 정량적으로 규정하는 의정서가 채택되기까지 온실가스의 감축 목표와 일정, 개발도상국의 참여 문제를 두고 선진국 사이에서는 물론이고 선진국과 개도국 사이에서도 심한 의견

서명 및 비준
서명 후 비준 대기 중
서명 후 비준 거부
입장 없음

2013-2020년 교토의정서 참여도(그림 46).

충돌이 있었다.

우여곡절 끝에 채택된 교토의정서에는 온실가스를 구체적으로 제시하고 부속서 1 국가들의 감축 의무를 구체화해 담았다. 즉 이산화탄소를 포함한 메탄, 아산화질소, 수소불화탄소, 과불화탄소, 육불화황을 온실가스로 정의했고, 부속서 1 국가들이 2008~2012년(제1차 감축 공약기간)에 온실가스 배출량을 1990년 수준에 비해 평균 5.2% 감축하는 의무를 지도록 했다. 의무이행 대상국은 미국, 캐나다, 유럽연합(EU) 회원국, 호주, 일본 등 37개국이었다. 각국이 줄여야 하는 온실가스 목표량은 EU -8%, 일본 -6% 등으로 달랐다.

또 교토의정서에는 의무이행 대상국이 온실가스를 비용 측면에서 효과적으로 감축하고 개발도상국의 지속가능한 발전을 지원하도록 국제배출권거래제, 공동이행제도, 청정개발체제 같은 '신축성 메커니즘'도 도입되었다. 즉 국제배출권거래제는 온실가스 감축 의무가 있는 국가들에 배출 쿼터를 부여한 뒤 국가 간 배출 쿼터의 거래를 허용하는 제도이며, 공동이행제도는 A 선진국이 B 선진국에 투자해 발생한 온실가스 감축분을 A국의 감축 실적으로 인정하는 제도이다. 청정개발체제는 선진국이 개발도상국에서 온실가스 저감 사업을 시행해 줄어든 감축분 가운데 일부를 선진국의 저감량으로 허용하는 제도를 말한다.

물론 교토의정서가 채택된 이후에 잡음은 있었다. 개발도상국 지원을 두고 의견이 갈리거나 온실가스 감축 의무를 진 선진국 중 일부가 교토의정서에서 탈퇴했다. 미국은 2001년 자국의 산업을 보호한다는 이유로 교토의정서에서 탈퇴했고, 개발도상국의 대표 격인 중국은 한동안 온실가스 감축에 대해 어떤 발언도 하지 않았다. 그럼에도 세계 각국의 논의는 이어졌고, 난항을 거듭한 끝에 2012년 카타르 도하에서 열린 제18차 유엔기후변화협약 당사국총회(COP18)에서 교토의정서의 제2차 감축 공약기간을 2013~2020년으로 정했고, 온실가스를 1990년에 비해 25~40% 감축하기로 합의했다. 이는 '도하 수정안'이라 한다.

그렇지만 이 수정안은 사실상 법적 구속력이 없기 때문인지 교토의정서에서 탈퇴한 미국을 비롯해 러시아, 캐나다, 뉴질랜드, 일본 등이 불참했다. 그래도 다행히 2020년 이후 모든 당사국이 온실가스 감축에 참여하는 신(新)기후체제를 마련하려는 협상을 시작했다.

## 파리 협정, 모두가 온실가스 감축에 참여하는 신기후 체제 마련

온실가스 감축 의무를 선진국에만 지게 한 교토의정서와 달리 선진국과 개발도상국 모두에 분담하게 한 것이 바로 '파리 협정'이다. 파리 협정은 2015년 프랑스 파리에서 열린 제21차 유엔기후변화협약 당사국총회(COP21)에 195개 당사국이 참여해 채택했다. 협정의 최종 합의문에는 당사국들이 지구 평균 기온의 상승 폭을 산업화 이전의 2℃보다 '상당히 낮은 수준으로' 유지하되, 온도 상승을 1.5℃ 이하로 제한하려고 노력한다는 내용이 밝혀져 있다. 이는 도서 국가들이나 기후변화 취약 국가들의 요구사항을 반영한 것이다.

파리 협정은 선진국뿐만 아니라 개발도상국까지 참여해 온실가스 감축 책임을 분담하기로 했다는 내용도 담고 있다. 전 세계가 파리 협정으로 기후변화에 따른 재앙을 막는 데 동참하게 된 셈이다. 실제로 187개국이 COP21을 앞두고 2025년 또는 2030년까지 온실가스를 얼마나 감축할지를 담은 '국가별 온실가스 감축 기여 방안(INDC, Intended Nationally Determined Contribution)'을 유엔기후변화사무국에 제출했다. 예를 들어 미국은 2025년까지 2005년에 비해 온실가스를 26~28% 줄이겠다고 발표했고, 중국은 2030년까지 2005년 GDP에 비해 온실가스 배출량을 60~65% 감축하겠다고 밝혔다. 우리나라는 2030년 배출 전망치에 비해 온실가스 배출량을 37% 줄이겠다고 발표했다. 하지만 안타깝게도 각국이 제시한 온실가스 감축안을 모두 이행한다 해도 지구 기온의 상승 폭을 2℃ 이내로 제한하겠다는 목표를 이룰 수 없다. 2015년 11월 IPCC는 각국의 INDC 내용을 분석한 결과 2100년 지구 기온이 산업화 이전보다 2.7℃ 정도 상승할 것으로 예측된다고 발표했다.

이런 문제점을 의식해서인지 파리 협정 합의문에는 5년이라는 점검 주기를 두었다. 즉 2023년부터 5년마다 당사국들이 온실가스 감축 약속을 지키는지를 검토하기로 했다. 파리 협정에 서명한 당사국들은 장기 목표에 접근하고자 5년마다 점차 강화된 온실가스 감축 목표와 이행 방안을 제시하기로 했다. 궁극적

2015년 프랑스 파리에서 열린 제21차 유엔기후변화협약 당사국총회(COP21)에 참가한 각국 대표. 이곳에서 파리 협정이 체결되었다(그림 47).

으로 당사국들은 21세기 말 인간이 배출하는 온실가스의 양이 지구의 흡수 능력과 균형을 맞추도록 노력하기로 했다. 이는 온실가스 배출량을 사실상 0으로 만들겠다는 야심 찬 목표다. 또 당사국들은 지구의 온실가스 총배출량이 감소 추세로 돌아서는 시점을 최대한 앞당기기로 했다.

파리 협정에는 온실가스를 더 오래 배출해 온 선진국이 더 많은 책임을 지고 개발도상국의 기후변화 대응을 지원하는 내용도 포함되었다. 선진국은 2020년부터 개발도상국의 기후변화 대처 사업에 해마다 최소 1000억 달러를 지원하고 기후변화 대처에 관련된 기술 전수, 정보 공유 등에도 협력하기로 했다. 이제는 더 늦기 전에 선진국이든 개발도상국이든 모두가 온실가스 감축에 적극적으로 나서야 한다.

# 왜 1.5도를
# 고집하나

## 기후변화, 국가 생존 위협하고
## 전쟁 발발 가능성 높여

"제발, 그만해. 이러다가 다 죽어."

넷플릭스 시리즈 〈오징어 게임〉에 등장하는 '깐부 할아버지'가 극 중에서 외쳤던 대사다. 전 세계가 온실가스 배출을 멈추지 않고 지구온난화에 제대로 대응하지 못한다면 그야말로 지구가 멸망할지도 모른다.

"기후변화는 당장 기온 상승을 일으킨다. 기온 상승은 전염병

창궐, 식량 감산을 가져온다. 또 해수면 상승은 저지대 국가의 생존을 위협한다. 가뭄, 홍수 등 극한 기상 현상이 늘어나면서 지구촌은 불안정해질 것이다. 식량 부족, 물 부족, 변종 바이러스 창궐, 기후 난민 증가 등으로 전쟁이 일어날 개연성이 높다."

미국의 대표적 싱크탱크 중 하나인 해군분석센터(CNA) 군사자문위원회에서 2014년에 발표한 〈기후변화와 가속화하는 국가안보 위험〉이라는 보고서에 나오는 내용이다. 이처럼 인류가 기후변화로 인한 재난에 빠질 위험 경고가 잇따르고 있다. 2014년에 세계은행에서 발표한 〈새로운 기후 표준〉이라는 보고서에도 암울한 미래 예측이 담겨 있다. 2050년까지 지구 기온이 산업화 이전보다 2℃ 상승하면 브라질, 마케도니아 등 지구촌 곡창지대의 작황이 반토막 날 테고 요르단, 이집트, 리비아에서는 농작물 수확량이 3분의 1 정도 줄 것으로 예상된다. 즉 브라질에서는 밀 수확량이 최대 50% 줄고 대두 수확량이 최대 70% 줄어들 것이며, 마케도니아에서는 밀, 옥수수, 포도의 수확량이 50% 감소할 것으로 예측된다.

2016년 영국의 비영리단체 크리스천에이드는 기후변화의 영향을 받아 2060년경 최소 10억 명이 대홍수 위험에 노출될 것이라는 보고서를 내놓았다. 이에 따르면 침수 피해가 우려되는 곳 가운데 중국, 인도, 방글라데시, 인도네시아, 베트남 등의 순으

2009년 가뭄으로 말라 버린 미국 캘리포니아주 호수 바닥. 기후변화로 가뭄이 점점 심각해지고 있다(그림 48).

로 인구가 많다. 2010년 기준으로 대홍수 피해가 우려되는 인구 많은 저지대 대도시 1~5위는 인도 콜카타와 뭄바이, 방글라데시 다카, 중국 광저우, 베트남 호찌민, 중국 상하이가 기록했다.

물 부족 문제도 심각해 히말라야에 있던 빙하가 지구온난화 때문에 녹으면 수십 년 안에 물 분쟁이 벌어질 가능성이 크다. 한 미래 예측 보고서를 보면, 인도와 파키스탄이 물 문제로 전쟁을 벌일 확률이 높다. 또 앞으로 지구온난화가 계속된다면 2100년 아마존 유역에 아라비아반도보다 더 넓은 사막이 생길 것이라 는 예상도 나온다. 2016년 12월 《사이언스》에 발표된 논문을 보 면, 이산화탄소가 현재와 같은 정도로 방출될 때 2100년경 지구

온도가 현재보다 5℃ 높아지면서 스페인 남부와 이탈리아 시칠리아까지 사막화될 것으로 보인다.

## 산호초, 2℃ 상승하면 99% 멸종

전 세계 과학자들이 기후변화에 대응하는 가장 바람직한 방법으로 '1.5℃ 이내' 시나리오를 꼽는다. 이는 2100년까지 지구 평균 기온이 산업화 이전보다 1.5℃ 이상 상승하지 않도록 해야 한다는 내용이다. 1.5℃는 일종의 지구온난화 마지노선을 뜻한다. 2015년 체결된 파리 협정에서도 당사국이 2100년까지 지구의 평균 온도 상승 폭을 산업화 이전(1850~1900년)에 비해 2℃ 이래로 유지하되 1.5℃로 제한하도록 노력한다는 목표를 담았다.

2018년 10월 인천 송도에서 열린 제48차 IPCC 총회에서 〈지구온난화 1.5℃ 특별 보고서〉가 195개 회원국 만장일치로 승인되었다. 이 보고서에 따르면 지구 기온 상승을 1.5℃ 이하로 막을 때 빈곤에 취약한 인구가 최대 수억 명 줄어들고 물 부족에 노출되는 인구도 최대 50% 줄어들 것으로 전망된다. 인류가 생존을 위협하는 상황을 막고자 온도 상승 폭을 1.5℃로 제한해야 한다는 데 뜻을 모은 것이다.

2018년 인천 송도에서 열린 제48차 IPCC 총회에서 〈지구온난화 1.5℃ 특별 보고서〉가 채택되었다(그림 49).

또한 특별 보고서를 보면 지구 평균 온도 상승을 1.5℃로 제한하는 것은 중요하다. 산호초는 1.5℃만 높아지더라도 70~90%가 사라지지만, 2℃가 높아지면 99% 이상이 자취를 감추는 사태가 벌어진다. 많은 물고기가 치어 때 산호에 의존해 사는 점을 고려하면 어업 생산량에도 악영향을 미칠 것은 뻔하다.

해수면 상승은 2℃ 높아질 때보다 1.5℃로 제한될 때 10cm 정도가 낮아진다. 많은 도시가 해안에 있어서 1.5℃ 상승 시 약 1000만 명이 해수면 상승의 위험에서 벗어날 것이라 분석된다. 북극해 해빙이 녹아서 없어질 확률도 크게 달라진다. 즉 2℃ 상승에서 적어도 10년에 한 번 북극해 해빙이 녹아 없어지지만 1.5℃ 상승에서는 100년에 한 번 이런 일이 발생할 것으로 예측된다.

현재 산업화 이전보다 이미 1℃ 정도 높아진 것으로 추정되는데, 1℃ 상승에도 전 세계에 기상이변이 속출하고 있다. 문제는 지구 기온 상승 폭이 1.5℃를 넘어서는 시기가 앞당겨지고 있다는 점이다.

2018년 〈지구온난화 1.5℃ 특별 보고서〉에서는 그 시점을 2030~2052년으로 예측했는데, 2021년에 공개된 IPCC 제6차 평가보고서에는 21세기 중반까지 현재처럼 온실가스를 배출한다면 2021~2040년에 기온 상승 폭이 1.5℃를 돌파할 가능성이 크다는 분석이 담겼다. 기후변화에 가속이 붙는 것이다.

IPCC 제6차 평가보고서에 따르면, 지구온난화로 기온이 1.5℃ 상승하면 전 세계 도시 인구 3억 5000만 명이 물 부족에 시달릴 것으로 예측된다. 또 1.5~2℃로 높아지면 17억 명이 심각한 열 환경에 노출되고, 2~3℃로 상승하면 생물종 가운데 최대 54%가 멸종 위기에 놓일 것이라고 분석되었다. 2℃ 이상 높아지면 열대 지역에서 최대 7억 명이 극한의 빈곤에 빠져 영양실조에 걸리고 심하면 사망할 것이며, 21세기 말 16억~26억 명이 전염병에 노출될 것으로 예측되었다. 신종 코로나바이러스 감염

증(코로나19)과 같은 전염병으로 또 다른 팬데믹이 닥칠지도 모른다. 이런 상황에 전 세계가 손 놓고 있다가는 정말 '이러다가 다 죽을지'도 모르겠다. 이 이상의 기온 상승을 막으려는 지구촌의 총력전이 필요하다.

# 7

# 트럼프, 지구공학을
# 지지하다

## 지구공학 아니고 기후공학!

　미래에 인류를 위협할 가장 큰 문제가 바로 지구온난화라는 기후변화 문제이다. 지구 평균 온도는 산업화 이전보다 이미 1℃ 정도 상승한 것으로 밝혀졌고, 파리 협정에서 2100년까지 지구 평균 온도를 산업화 이전에 비해 2℃ 아래로 낮추되 1.5℃까지 낮추기로 한 목표도 달성하기 어려워 보인다. 이 때문에 최근 과학기술로 기후변화 문제를 해결하려는 지구공학(geoengineering)이 주목받고 있다.

지구공학은 인류가 각종 과학기술을 동원해 대기, 바다 등 지구 환경에 적극적으로 개입함으로써 지구온난화와 같은 기후변화를 막으려고 연구하는 분야를 뜻한다. 기후공학(climate engineering)이라고도 한다. 경제 발전과 지구온난화 방지라는 두 마리 토끼를 잡을 수 있는 기후 조절 기술이라 매혹적으로 느껴질 수 있다.

1965년 〈지구 환경의 질 회복하기〉라는 미국 대통령 과학자문위원회의 획기적인 보고서가 나왔는데, 이 보고서에 지구공학이 소개되었다. 이 보고서에서는 화석 연료 방출의 악영향을 경고했을 뿐만 아니라 지구의 반사도를 올리는 방법을 포함해 기후변화를 의도적으로 상쇄할 방법도 제시했다.

이렇게 제안된 아이디어는 당시만 해도 큰 관심을 받지 못했으며, 얼마 전까지도 그리 효과적이지 않은 것으로 평가받았다. 미국에서 지구공학은 지구온난화를 막으려면 온실가스 감축이 중요하다는 쪽에 섰던 오바마 정부 시절에는 홀대를 받았다. 하지만 트럼프 정부에 들어와 위상이 달라졌다. 화석 연료를 사용하는 산업의 부흥을 주장한 트럼프 정부는 2018년 초 발표한 연례보고서에 지구공학에 의한 '기후 개입'을 추가했다.

## 태양 빛을 막거나 이산화탄소를 제거하거나

그동안 여러 과학자가 기후변화를 막을 수 있는 지구공학 방법을 10여 가지 제안했다. 지구를 도는 인공위성에 거울을 달아 태양 빛을 차단하거나, 이산화탄소를 흡수하는 인공나무를 개발하는 기상천외한 방법이 이에 속한다. 이런 방법들은 크게 두 유형으로 분류할 수 있다. 즉 하나는 지구로 들어오는 태양 빛을 반사해 그 양을 줄임으로써 온도를 낮추려는 유형이고, 다른 하나는 온실가스인 이산화탄소를 없애 온난화를 막으려는 유형이다.

먼저 지구로 들어오는 태양 빛을 줄이는 유형의 예를 들어 보자. 단순하게는 사막에 반사판을 설치하거나 우주 공간에 대형 거울을 설치해 태양 빛을 반사하는 방법이 있다. 또 인공구름을 만들거나 바다 표면에 미세기포를 형성하거나 성층권에 황산염, 탄산칼슘 등의 미세입자(에어로졸)를 살포해 지구에 도달하는 태양 빛을 반사할 수 있다. 이 중에서 성층권에 에어로졸을 살포하는 방법은 구체적으로 실험하려고 시도하기도 했다.

이산화탄소를 제거하는 방식의 사례도 다양하다. 기존 나무에 비해 이산화탄소를 대량으로 포집하는 인공나무를 개발하거나, 대기 중 이산화탄소나 공장에서 나오는 이산화탄소를 포집해 액체 상태로 만든 뒤 땅속이나 심해저에 저장하는 기술(CCS)

④ 우주 반사경 설치

③ 성층권 에어로졸의
양 늘리기

⑤ 고고도 권운의
양 줄이기

10-16km
대류권계면

① 표면 알베도
(반사율)
높이기

② 해상 구름의
반사도 높이기

1-1.5km
경계층 꼭대기

단파복사(주로 가시광선)의 반사량 바꾸기

장파복사(적외선)의 투과량 바꾸기

지구공학 방법 중에서 태양 빛을 줄이는 유형에 속하는 기술의 사례(그림 50).

을 개발하는 방법이 대표적이다. 그 밖에 고농도 수산화나트륨 용액과 티탄산염으로 대기 중 이산화탄소를 흡수하는 기술, 바다에 철을 뿌리거나 대형 펌프로 영양분이 풍부한 심층수를 표면으로 끌어올려 광합성을 통해 이산화탄소를 흡수하는 식물플랑크톤의 증식을 돕는 방법 등도 있다.

지구공학의 여러 방법 중 일부는 좀 더 적극적으로 추진되고 있다. 이산화탄소 포집·저장(CCS, Carbon Capture and Storage) 기술은 미국, 유럽, 한국 등에서 활발히 연구·개발되고 있으며, 바다 표면의 미세기포는 컴퓨터 시뮬레이션으로 그 효과를 따져보고 있다. 2017년 3월 《지구물리학 연구저널: 대기》에는 계면활성제로 선박 항해 시 생기는 기포의 지속 시간을 10분에서 10일로 늘리고 밝기는 10배 높인다면 50여 년쯤 뒤에 지구 평균 온도를 0.5℃까지 내릴 수 있다는 컴퓨터 시뮬레이션 결과가 실렸다.

## 지구환경에서 하는 실험 시도는 부작용 우려에 막혀

사실 성층권에 에어로졸을 투입해 태양 빛을 반사하겠다는 아이디어는 화산 폭발 시 나타난 냉각 효과에서 착안했다. 1991년 필리핀 피나투보 화산이 강하게 폭발했을 때 이산화황이 수천만 톤 방출되어 성층권에 황산염 에어로졸이 대거 유입되었다. 이 황산염 에어로졸은 지구 전체에 퍼져 입자층을 형성했고 미세거울처럼 태양 빛을 반사했다. 당시 지구에 도달하는 일사량이 30%나 줄어들어 3년 동안 지구 온도가 0.5℃가량 떨어졌다.

이에 미국 하버드대학교 연구진은 고고도 풍선 전문기업인 '월드 뷰 엔터프라이즈'와 함께 성층권에 미세입자를 살포해 태양 빛을 반사하는 검증실험, 일명 스코펙스(SCoPEx)를 계획했다. 이렇게 지구공학을 실제 지구환경에서 실험하는 것은 스코펙스가 처음이었다. 스코펙스 연구진은 2000만 달러를 투자받아

2020년까지 미국 애리조나주 투손에서 20km 상공의 성층권에 대형 풍선을 띄운 뒤 탄산칼슘 미세입자를 0.1~1kg 살포해 미세입자가 지구로 유입되는 태양 빛을 얼마나 감소시키는지를 조사하려고 준비했다. 하지만 코로나19로 일정에 차질이 생겼고, 2021년 6월 스웨덴 이스레인지우주센터에서 대형 풍선을 띄우기로 계획을 변경했다. 그런데 일부에서 스코펙스가 기상과 생태계에 재앙을 불러올 가능성이 있다는 문제를 제기하면서 논란이 커지자 사회적 논의를 마칠 때까지 잠정 연기하기로 했다. 사실상 실험이 취소된 것이다.

분명 지구공학에도 문제가 있다. 지구공학 방법으로 지구 온도만 떨어지는 것이 아니라 동식물을 포함한 생태 환경이 예측할 수 없는 방식으로 바뀔 것이라는 경고도 있다. 실제로 피나투보화산이 분출한 이듬해 남아시아와 남아프리카의 강우량이 10~20% 줄었고, 유엔환경계획에 따르면 이 대가뭄으로 1억 2000만 명이 영향을 받았다. 나아가 영화 〈설국열차〉에서처럼 지구가 재앙을 당할지도 모른다. 영화에서는 지구온난화를 막으려고 'CW-7'이라는 냉각제를 대기에 살포했는데, 지구는 기상이변 탓에 인간이 살 수 없을 만큼 얼어붙는다.

지구공학에는 이런 부작용뿐만 아니라 근본적인 문제가 있다. 인류가 산업발전을 위해 온실가스를 배출한 일에 면죄부를 주

미국 하버드대학교 연구진이 고고도 풍선 전문기업인 '월드 뷰 엔터프라이즈'와 함께 계획한 스코펙스(SCoPEx) 실험에 사용하려던 풍선. 이는 성층권에 미세입자를 살포해 태양 빛을 반사하는 검증 실험이다(그림 51).

는 한편, 지구온난화를 일으키는 원인인 온실가스 배출을 막기보다 과학기술에 의존해 지구온난화를 해결하려 한다는 사실이다. 안전하게 지구공학 방법을 도입해 온난화를 해결하는 일은 당분간 힘들어 보이니 온실가스 배출을 줄이는 데 힘쓰는 것이 올바른 방법이겠다.

# 8

# 이산화탄소의
변신

## 탄소 포집·저장(CCS)보다
## 탄소 포집·활용(CCU)이 더 중요

이산화탄소가 하얀 폴리머 조각들로 바뀌고 이 조각들은 다시 물병, 가방, 소파로 변신한다. 그 위로 '이산화탄소를 친환경 플라스틱으로 바꾸다'라는 문구가 떠오른다. 이는 2013년 텔레비전에서 방영한 광고다. 당시 SK이노베이션이 이산화탄소로 친환경 플라스틱 '그린폴'을 개발하고 있다는 사실을 전하는 내용을 담았다. 하지만 아쉽게도 제품의 시장성이 불투명하다는 판

단에 따라 대규모 투자가 더 이상 이루어지지 않아 그린폴 사업은 전면 보류되었다.

전 세계가 지구온난화를 막고자 원인 물질인 이산화탄소를 비롯한 온실가스를 감축하려고 노력하는 가운데 한편에서는 이산화탄소를 저감하는 데 그치지 않고 그린폴 사례처럼 이산화탄소를 유용 물질이나 자원으로 바꾸는 여러 기술을 개발하고 있다. 이는 이산화탄소 활용 기술에 해당하며, 넓게 보면 탄소 포집·활용(CCU) 기술에 속한다.

탄소 포집·활용(CCU, Carbon Capture Utilization) 기술은 탄소 포집·저장(CCS) 기술과 합쳐서 탄소 포집·저장·활용(CCSU) 기술이라고도 한다. 먼저 CCS 관련 프로젝트는 전 세계적으로 붐이 일면서 2025~2026년 실행을 목표로 삼고 있다. CCS 기술은 이산화탄소를 대량 발생원으로부터 포집해 압축한 뒤 수송해 육상 또는 해양의 지중(땅속)에 안전하게 저장하는 것이다. 즉 공장 굴뚝에서 나오는 배기가스에 포함된 이산화탄소를 모아 땅속 빈 공간에 집어넣는 것은 물론이고 천연가스 정제 시설에서 연료 성분을 제외하고 남은 이산화탄소를 모아 저장하는 것도 포함된다. 예를 들어 노르웨이 슬라이프너 CCS 사업은 20년간 해마다 100만 톤 규모의 이산화탄소를 바다 밑 지층에 묻어 왔다.

우리나라는 철강, 시멘트, 화학 등과 관련된 산업에서 대규모

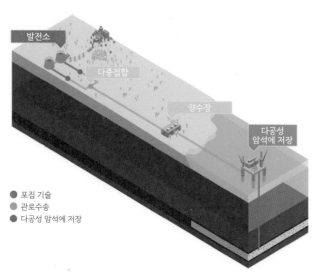

발전소

다중접합

양수장

다공성
암석에 저장

● 포집 기술
● 관로수송
● 다공성 암석에 저장

이산화탄소를 포집해 저장하는 과정을 보여주는 CCS 기술 모식도(그림 52).

로 이산화탄소를 배출해 국제에너지기구(IEA, International Energy Agency)에 따르면 세계 탄소배출량 순위 7위를 기록한 바 있다. 이에 국내에서는 포집을 중심으로 CCS 기술 개발을 시작했다. 하지만 국내에는 CCS 기술로 포집한 이산화탄소를 저장할 공간이 많지 않고, CCS 기술을 실증할 곳도 마땅치 않다. 포항에서 진행되던 실증 사업은 2017년 발생한 지진 탓에 중단되었다.

우리나라에는 CCS 기술보다 CCU 기술이 좀 더 유리할 수 있다. 이에 2021년 정부는 'CCU 기술혁신 로드맵'을 발표했다. 여기에는 2023년에 연간 1000억 원 이상을 투입하는 'CCU3050 핵심기술 사업'을 시작해 2030년까지 CCU 상용제품 14개를 확보하겠다는 내용이 담겼다. CCU 제품은 온실가스인 이산화탄소를 포집·활용해 제작한 제품을 말한다. 우리나라는 국가 온실가스 감축목표에서 CCU 기술을 통한 감축량을 연간 650만 톤으로 제시한 바 있다.

## 탄소 자원화 기술의 종류

탄소 자원화 기술이라고도 하는 CCU 기술은 이산화탄소의 화학 전환, 생물 전환, 광물탄산화 등으로 나눌 수 있다. 이 중 이산화탄소 화학 전환은 이산화탄소를 활용한 화학적 전환으로 연료, 기초화학제품 등 다양한 탄소화합물을 만드는 기술이다. 이로써 메탄·메탄올 같은 연료, 개미산·초산·옥살산 같은 유기산, 폴리카보네이트, 폴리우레탄 같은 고분자 등을 생산할 수 있다.

특히 이산화탄소의 화학 전환으로 산업용 소재로도 변환할 수 있다. 즉 이산화탄소에서 산소를 제거하고 남은 탄소를 합치면 다양한 탄소 소재가 탄생한다. 탄소나노튜브, 그래핀, 풀러렌 등이 대표적 예다. 이들은 이차전지, 태양전지, 대체 전극, 윤활유, 화장품 등에 응용되고 있다. 실제로 성균관대학교 나노과학기술원에서는 이산화탄소를 이용해 이차전지용 탄소나노튜브를 생산하는 기술을 개발하고 있다.

이산화탄소 생물 전환은 이산화탄소를 활용해 광합성을 하는 미세 조류를 배양하고 바이오매스로 전환한 뒤 바이오연료, 바이오소재 등으로 제품화하는 기술이다. 이로써 바이오디젤, 항공유, 발전용 고체연료부터 천연 유래 색소, 지방산, 동물·어류 사료, 플라스틱 소재까지 생산할 수 있다. 그리고 이산화탄소 광물탄산화는 이산화탄소를 탄산염 형태로 전환해 광물화하는 기술이다. 시멘트·콘크리트 대체재, 건설 소재 등을 만들어낼 수 있다.

또한 포집한 이산화탄소는 원유 또는 가스가 저장된 지층에 주입해 생산량을 높이는 데 활용하기도 한다. 이산화탄소를 지층에 주입하면 압력이 상승해 원유나 가스를 더 많이 채굴할 수 있기 때문이다. 미국에서는 원유 매장 지역에 이산화탄소를 투입하고자 파이프라인을 6600km나 설치하기도 했다.

이 밖에 이산화탄소 외의 탄소원을 활용하는 기술도 있다. 석유화학 공장, 제철소 등에서 나오는 부생가스, 바이오가스에서 일산화탄소, 메탄 같은 유용 탄소원을 분리해 활용하면 수송용 연료, 플라스틱, 섬유 등을 생산할 수 있다. 예를 들어 2022년 포스코는 한국화학연구원, 포항산업과학연구원 등과 '저탄소화학 공정 융합연구단'을 출범시켰는데, 이 연구단은 2025년까지 포스코 고로에서 발생하는 부생가스에서 일산화탄소를 추출해 메탄올을 합성한 다음 이를 나프타와 동시에 분해해 플라스틱 기초 원료인 올레핀을 제조하는 통합 공정을 개발할 계획이다.

## 인공광합성으로 연료와 식량 생산

식물의 광합성을 모방한 인공광합성도 CCSU 기술 중 한 분야로 주목받고 있다. 이산화탄소 저감에 그치지 않고 탄소를 재활용하는 측면이 있기 때문이다. 식물은 햇빛, 공기 중의 이산화탄소, 물을 흡수해 에너지원인 포도당을 합성하는데, 이것이 바로 광합성이다. 인공광합성은 식물의 광합성을 모방해 유용한 물질을 생산하는 기술이다.

과학자들은 광전기 화학전지, 염료감응 태양전지 등을 이용해 광합성을 모방하려 노력하고 있다. 광전기 화학전지는 빛을 이용해 물을 분해하고 전기와 수소를 얻는 전지이며, 염료감응 태양전지는 햇빛을 받으면 전기를 생산하는 염료를 적용한 태양전지이다. 인공광합성 장치는 물과 이산화탄소를 분해하고 다양한 합성 과정을 거쳐 각종 유용 물질을 생산한다. 온실가스인 이

미국 에너지부 전 장관인 스티븐 추가 인공광합성공동연구센터(JCAP)을 방문해 인공광합성과 관련된 실험장치를 들여다보고 있다(그림 53).

산화탄소를 제거하는 동시에 환경 오염을 일으키지 않으며 유용 물질을 만드는 것이다.

미국에서는 버락 오바마 대통령이 2011년 연두 교서에서 청정에너지 분야의 '2011년 판 아폴로 계획'을 제안하면서 인공광합성을 첫 번째로 강조했다. 인공광합성으로 이산화탄소를 연료와 화학 소재로 전환하는 기술이 그 대상이었다. 미국은 2010년 에너지부 주도로 인공광합성공동연구센터를 설립했고, 인공광합성으로 수소, 메탄올 같은 연료를 생산하는 연구를 해 왔다. 일본 문부과학성, 독일 막스플랑크연구소 등이 국가 연구개발

과제의 하나로 인공광합성 연구를 지원하고 있다. 우리나라는 2009년 '기후변화대응 기초·원천기술 개발사업'의 하나로 인공광합성 연구를 국가 연구 개발 과제로 채택했고, 한국인공광합성연구센터를 설립해 2019년까지 운영한 바 있다.

먼저 인공광합성을 통해 태양전지가 만든 전기로 물을 분해하여 수소를 생산할 수 있다. 수소는 무공해 에너지원으로 자동차 등의 연료로 이용할 수 있다. 미국은 로렌스버클리국립연구소를 중심으로 인공광합성을 활용한 수소 생산 기술을 개발해 왔다. 우리나라에서는 2015년 울산과학기술원 연구진이 태양에너지를 수소로 전환하는 인공나뭇잎을 개발한 바 있다. 이 인공나뭇잎의 수소 전환 효율은 8%로 당시 세계 최고 수준에 달했다. 또 물을 분해해 얻은 수소이온을 이산화탄소와 반응시키면 연료, 유기산 같은 다양한 탄소화합물을 생산할 수 있다. 한국화학연구원 연구진은 이산화탄소로부터 자동차 연료인 메탄올, 개미산으로 알려진 포름산을 만들었다. 포름산은 살충제, 세척제, 향료, 고무 제품 등을 만드는 데 필요한 물질이다.

최근에는 인공광합성과 생물을 연결해 에너지 효율이 높은 식량 생산 시스템을 개발하기도 했다. 2022년 미국 리버사이드 캘리포니아대학교 연구진은 효율이 좋은 촉매를 개발해 빛, 물, 이산화탄소로 아세테이트를 생산하는 인공광합성 시스템을 만든 뒤 이 아세테이트를 녹조류, 효모, 버섯, 유채, 벼, 상추, 토마토 등 다양한 생물에 공급했다. 이 생물들은 아세테이트를 에너지원으로 사용해 아미노산, 당 같은 생체분자로 바꿔 성장하고 증식했다. 이 시스템으로 태양에너지의 4%가 생체량을 증가시키는 데 사용되었다. 이는 농작물 광합성의 에너지 변화 효율 1%의 4배나 된다. 미래에는 나뭇잎처럼 물, 이산화탄소, 태양에너지를 흡수해 연료를 생산하는 인공나뭇잎을 상용화하고, 이산화탄소를 넣어주기만 해도 연료로 바뀌는 마법의 연못(분자 촉매 활용)을 마련할 수 있을지도 모른다.

# 전기차,
# 그린십이 뜬다

## 전기차는 선택이 아니라 필수

이산화탄소가 화석 연료를 사용하는 자동차, 선박, 화력발전소 등에서 많이 배출되는 것으로 알려지면서 자동차, 선박 등의 이산화탄소 배출량을 규제하고 있다. 자동차 연비, 선박 에너지 효율, 석탄 화력발전 효율을 높이거나 아예 화석 연료를 대체할 연료를 적용해야 이산화탄소 배출량을 줄일 수 있고 배출 규제치를 충족할 수 있다.

자동차의 경우 1990년대 유럽을 중심으로 '클린 디젤'이 주목

캐나다 온타리오 하이웨이 401을 달리는 차량들. 화석 연료를 사용하는 차량은 온실가스를 배출하는 문제를 일으킨다(그림 54).

받았다. 디젤(경유) 차량이 가솔린(휘발유) 차량보다 이산화탄소를 적게 배출했기 때문이다. 하지만 클린 디젤의 신화는 무너졌고 경유차는 미세먼지 배출의 주범으로 몰렸다. 물론 경유차든 휘발유차든 온실가스 배출량은 적지 않다.

2018년 기준으로 전 세계 이산화탄소 배출량 중 수송 부문이 약 25%를 차지했으며 이 중 70% 이상이 도로에서 배출된다. 우리나라는 2021년 온실가스 배출량(총배출량 6억 7960만 톤) 가운데 수송 부문이 14.4%를 차지하며, 도로 교통 부문 온실가스 배출량 중 자동차 비중이 상당히 높다. 특히 유럽연합은 그동안 자동차의 평균 이산화탄소 배출량을 1km당 95g 이하로 줄여야 했다. 이는 자동차 평균 연비를 1L당 거의 20km 이상으로 높여야 한다는 뜻이다. 자동차 제작사는 차량의 평균 연비를 충족하지 못하면 차량 판매 대수에 비례해 연비 차이만큼 엄청난 부과금을 내야 했다.

EU는 여기서 한 걸음 더 나아가 2030년까지 신차 탄소 배출량을 2021년에 비해 55% 줄이고, 2035년부터는 디젤, 휘발유 등 내연기관 차량 판매를 아예 금지하는 방안을 확정했다. 사실 EU에서는 2020년대 초 자동차와 관련한 이산화탄소 배출량이 전체 배출량의 12% 정도에 이른다. 독일 자동차 기업 폴크스바겐은 2033년부터 유럽에서는 전기차만 생산한다는 방침을 밝히기도 했다. 미국 정부는 2030년까지 전체 차량의 50%를 전기차 중심의 무공해 차량으로 전환하고 2035년까지 100% 전환하는 목표를 설정했다. 미국에서는 캘리포니아주 등이 2035년부터 내연기관 신차 판매를 금지할 계획이다. 일본도 2035년까지 승용차 신차를 100% 전기차로 판매한다는 목표로 휘발유차, 하이브리드차에만 적용하던 연비 규제를 전기차로 확대하고 있다. 이제 전기차와 같은 친환경 자동차를 개발해 보급하는 것은 선택이 아니라 필수가 되었다.

# 자동차 역사의 처음과 끝을 장식하는 전기차

아이러니하게도 자동차 역사는 전기차로 시작되었다. 스코틀랜드 발명가 로버트 앤더슨이 1832년 최초의 전기차를 발명했다. 내연기관 발명보다 약 30년이나 앞선 기록이다. 1890년 미국의 윌리엄 모리슨은 시속 23km의 6인승 전기차를 개발했다. 1900년대에 들어서 전기차는 자동차 시장의 대세가 되었고 최초의 휘발유 자동차보다 더 빨랐다. 1910년대에는 미국에서 돌아다니는 자동차 3대 중 1대가 전기차였다. 하지만 이후 미국 텍사스에서 원유가 다량으로 발견되고 포드차 같은 내연기관 차량이 대량 생산으로 가격이 싸지면서 시장을 장악해 전기차는 1935년 이후 자취를 감췄다.

그런데 최근 들어 지구온난화가 심각해지면서 화석 연료를 쓰는 내연기관 차량은 퇴출 위기에 몰렸고 전기차는 친환경 자동차로 다시 주목받게 되었다. 한동안 전기모터와 내연기관 엔진을 함께 사용하는 하이브리드차도 출시되었다. 그러다가 2015년 파리 협정이 체결된 이후 테슬라처럼 전기차만 생산하는 업체가 주목받고 전 세계 자동차업체가 앞다퉈 전기차 개발에 뛰어들면서 전기차는 자동차 시장의 대세로 떠올랐다.

미국 캘리포니아주 센트럴밸리에서 급속 충전을 하고 있는 테슬라 모델 S.
(그림 55)

　현재의 전기차는 내연기관 차량보다 빠르고 친환경적이며 내구성과 주행감도 좋다. 예를 들어 테슬라 모델 S는 정지 상태에서 시속 100km까지 속력을 낼 때 1.99초밖에 안 걸릴 정도로 빠르다. 세계 최고의 내연기관 자동차 경주 F1을 모방한 FE(Formula Electric)처럼 전기차만 참여하는 레이스를 소음 걱정 없이 시내에서 개최할 정도가 되었다. 다만 전기차는 배터리 충전 시간이 필요하고 아직 충전소가 많지 않다는 단점이 있다. 이를 극복한다면 전기차는 지구온난화를 막을 구원투수로 손색이 없다.

　하지만 아직 갈 길은 멀다. 그럼에도 인류는 지구온난화를 멈추게 할 방법을 찾기 위해 조금도 멈추지 않고 있다. "제발, 그만 해. 이러다가 다 죽어." 〈오징어 게임〉의 깐부 할아버지가 외쳤던 대사를 떠올리며.

## 선박에서 내뿜는 이산화탄소를 줄이려면

친환경 바람은 선박에도 불고 있다. 해운 분야에서 배출하는 온실가스는 대부분 이산화탄소이고 배출 규모는 전 세계 이산화탄소 총배출량의 약 3%에 불과하지만, 1990년 이후 배출량 증가 속도(연평균 2.3%)가 총배출량(연평균 약 1%)보다 빨라 개선이 시급하다. 국제해사기구(IMO, International Maritime Organization) 보고서를 따르면, 앞으로 아무런 조치를 하지 않는다면 해운산업의 이산화탄소 배출 비중이 2050년 최대 18%까지 높아질 수 있다. 이에 IMO는 2030년까지 2008년에 비해 온실가스를 40% 감축하고 2050년까지 배출총량을 절반으로 줄이는 방안을 제시했고, 2022년 이 수준을 한 단계 더 높이는 방안을 논의했다. 2050년 IMO의 선박 온실가스 감축 목표는 50% 이상으로 높아질 것으로 예측된다. 전 세계 해운업체에서 친환경 선박인 그린십을 개발해야 하는 이유다.

IMO는 선박에서 배출하는 온실가스를 감축하는 기준으로 선박에 너지효율지수, 탄소집약도지수 등을 제시했다. 선박에너지효율지수 는 화물 1톤을 1해리 운송할 때 배출되는 이산화탄소의 양을 기관 출력, 재화중량 톤수 등 선박 제원으로 미리 지수화한 계산값이며, 탄소집약도지수는 연료 사용량, 운항 거리 등 선박 운항 정보를 이용해 화물 1톤을 1해리 운송할 때 배출되는 이산화탄소의 양을 나중에 계산해 지수화한 값이다. 특히 2023년부터 총톤수 400톤 이상이며 국제 항해에 종사하는 선박은 IMO에서 정한 기준치를 만족시켜야 한다. 이에 따라 해당 선박은 선박에너지효율지수 기준치를 충족하려면 기관 출력 제한장치 또는 에너지효율 개선장치 등을 설치해야 하고, 탄소집약도지수 기준치를 채우려 저탄소 연료를 사용하거나 최적 항로 운항을 해야 한다.

한국조선해양, 삼성중공업 같은 국내 선박업체는 액화천연가스(LNG)·액화석유가스(LPG) 추진선을 넘어 암모니아 추진선을 2025~2030년까지 개발해 상용화할 계획이다. 암모니아는 연료 연소 과정에서 이산화탄소나 황산화물, 질소산화물 같은 오염물질을 배출하지 않고 수소보다 저장하기 쉽기 때문이다. 또 전기추진 선박은 물론 연료전지를 활용한 선박도 개발하고 있다. 연료전지는 수소와 산소가 반응해 물로 바뀔 때 전기와 열이 발생하는 친환경 에너지원이다. 전기추진선은 관련 시장 규모가 급증할 것으로 예측되고, 연료전지는 발전 효율이 매우 높으며 온실가스, 황산화물, 질소산화물 같은 오염물질이 거의 나오지 않는 장점이 있다.

미국은 해군에서 연료전지를 선박의 주 동력원으로 하는 친환경 동력 발생 장치를 개발하고 있으며, 일본의 대형 해운회사에서는 2030년까지 연료전지를 주 동력원으로 하고 태양광 패널과 돛으로도 전력을 생산하는 친환경 선박(NYK 슈퍼에코십)의 모델을 설계해 관련 기술을 개발하고 있다.

최적 항로 운항에는 자율운항 기술이 적용되고 있다. 2022년 우리나라 초대형 LNG 운반선이 처음으로 자율운항 기술을 이용해 태평양을 횡단하는 데 성공한 것이 대표적 사례다. 우리 기술로 만든 인공지능 기술이 탑재된 이 선박은 33일간 미국 멕시코만에서 충남 보령까지 2만km의 항로 중 절반 정도를 자율운항했다. 인공지능이 날씨, 파고, 선박 상태와 위치 등을 감안해 최적의 경로와 속도를 찾아 실시간으로 조타 명령을 내렸다. 특히 최적 항로로 운항해 연료 효율을 7% 높였고 온실가스 배출량은 5% 줄였다. 자율운항은 선원 부족을 해결하고 해양 사고를 줄이며 온실가스를 감축하고 연료도 절약하는 '일석사조'의 기술인 셈이다.

# 그림 목록

그림 1    헨드릭 아베르캄프, 〈Winter landscape with skaters〉(1608년경), 네덜란드 암스테르담 국립미술관. ⓒⓞ / wikipedia

그림 2    빙하 코어. ⓒⓘ / wikipedia

그림 3    남극 보스토크 기지의 빙핵 자료로 본 과거 기후변화. ⓒⓘⓞ 미국 해양대기청 (NOAA) / wikimedia

그림 4    미국 앨버타주 중생대와 신생대를 가르는 지층. ⓩ Glenlarson/ wikipedia

그림 5    페름기 대멸종 시기에 멸종한 삼엽충 화석. ⓒ Oxford, England, United Kingdom / pexels

그림 6    이집트 문명. ⓒⓘⓞ Ricardo Liberato/ wikipedia

그림 7    잉카 문명의 대표 유적 마추픽추. ⓒ CC BY-SA 3.0 Martin St-Amant/ wikipedia

그림 8    유공충 화석. ⓩ Wilson44691/ wikipedia

그림 9    1835년의 역직기. ⓩ T. Allom, Engraver J. Tingle/ wikipedia

그림 10   온실 효과. ⓒ Nandalal Sarkar/ shutterstock

그림 11   조제프 푸리에. ⓩ Julien-Lépold Boilly/ wikipedia

그림 12   영국 서리에 있는 온실. ⓒⓘⓞ Mark Boyce/ wikipedia

그림 13   존 틴들. ⓩ Smithsonian Institution's digital collection

그림 14   스반테 아레니우스. ⓩ Zeitschrift fü Physikalische Chemie

그림 15   킬링 곡선. ⓒ CC BY-SA 4.0 Delorme/ wikipedia

그림 16   표면 온도 470℃나 되는 금성. ⓩ NASA

그림 17   지구의 탄소 순환. ⓒ Dmitry Kovalchuk/ shutterstock

그림 18   전국 폭염 일수와 열대야 일수 순위. ⓒ 기상청

그림 19   역사상 가장 더운 열 해. ⓒ NOAA

그림 20   굶주린 북극곰. ⓒⓘⓞ Andreas Weith/ wikipedia

그림 21   월평균 북극 해빙 부피. ⓘⓞ Andy Lee Robinson/ wikimedia

그림 22   투발루의 수도 푸나푸티의 해변. ⓒⓘⓞ Stefan Lins/ wikipedia

그림 23   몰디브의 수도 말레. ⓒⓘ Shahee Ilyas/ wikipedia

그림 24   RCP 시나리오별 특징. ⓒ 국가기후위기적응정보포털

그림 25   SSP 시나리오 종류와 의미. ⓒ 국가기후위기적응정보포털

그림 26   기후변화에 따른 주요 농작물 주산지 이동. ⓒ 통계청

| 그림 27 | 온난화로 인한 한파. ⓒ Piscine26/ shutterstock |
|---|---|
| 그림 28 | 열돔에 따른 폭염 형성 원리. ⓒ papa papong/ shutterstock |
| 그림 29 | 슈퍼 태풍 '하이옌'. ⊛ NASA, LAADS Web |
| 그림 30 | 호모 사피엔스, 하이델베르크인, 네안데르탈인의 서식지. ⓒ 기초과학연구원(IBS) |
| 그림 31 | 헝거 스톤. ⓒ Bernd Gross/ wikipedia |
| 그림 32 | '빙하의 피'. ⓒ Hp.Baumeler/ wikipedia |
| 그림 33 | 자체 무게보다 더 큰 탄소발자국을 남기는 종이컵. ⓒ pixabay |
| 그림 34-1~2 | 탄소발자국과 저탄소 제품 인증 마크. ⓒ 환경부 |
| 그림 35 | 에너지소비효율등급 라벨. ⓒ 한국에너지공단 |
| 그림 36 | 탄소 중립. ⓒ pixabay |
| 그림 37 | 2015년 파리 협정의 최종 합의문 채택. ⊛ the U.S. federal government |
| 그림 38 | 가축을 키우는 농가에 부과하는 방귀세. ⊛ Keith Weller, 미국농무부(USDA) |
| 그림 39 | 메탄 배출량 비교. CC BY-SA 4.0 / 국제에너지기구(International Energy Agency) |
| 그림 40-1~2 | 2007년 노벨평화상을 수상한 앨 고어. ①⊛ Kjetil Bjørnsrud/ wikipedia & wikimedia |
| 그림 41 | 빌헬름 빈. ⊛ Jean-Jacques MILAN/ wikimedia |
| 그림 42-1~3 | 파울 크루첸. ⓒⓘ Teemu Rajala/ wikipedia, 마리오 몰리나. ⓒ①⊛ Janwikifoto/ wikipedia, 셔우드 롤런드. ⓒ①⊛ Markus Pösel/ wikipedia |
| 그림 43 | 윌리엄 노드하우스. ① CC-BY-2.0 Bengt Nyman/ wikipedia |
| 그림 44 | 그레타 툰베리. ⓒ①⊛ Anders Hellberg/ wikipedia |
| 그림 45 | 1992년 리우환경회의. ⓒ flickr |
| 그림 46 | 2013-2020년 교토의정서 참여도. ⓒ①⊛ Alinor, E Pluribus Anthony/ wikipedia |
| 그림 47 | 제21차 유엔기후변화협약 당사국총회(COP21)에 참가한 각국 대표. ⓒ Presidencia de la República Mexicana/ flickr |
| 그림 48 | 2009년 미국 캘리포니아주 호수 바닥. CC-BY-4.0 / wikipedia |
| 그림 49 | 〈지구온난화 1.5℃ 특별 보고서〉 채택. ⓒ 기상청 |
| 그림 50 | 태양 빛을 줄이는 유형에 속하는 기술. ⊛ NOAA, CIRES |
| 그림 51 | 성층권 미세입자 살포, 태양 빛 반사 검증 실험. ⊛ NASA, Bill Rodman |
| 그림 52 | CCS 기술 모식도. / flicker |
| 그림 53 | 인공광합성과 관련된 실험장치. ⊛ ENERGY.GOV |
| 그림 54 | 하이웨이 401을 달리는 차량들. ⓒ Robert Jack/ flickr |
| 그림 55 | 테슬라 모델 S. ⓒ①⊛ Jusdafax/ wikipedia |

# 십 대가 꼭 알아야 할 기후변화 교과서

1판 1쇄 인쇄 | 2023년 11월 17일
1판 1쇄 발행 | 2023년 11월 24일

지은이 | 이충환

발행인 | 김기중
주간 | 신선영
편집 | 백수연, 이상희
마케팅 | 김신정, 김보미
경영지원 | 홍운선
펴낸곳 | 도서출판 더숲
주소 | 서울시 마포구 동교로 43-1 (04018)
전화 | 02-3141-8301
팩스 | 02-3141-8303
이메일 | info@theforestbook.co.kr
페이스북 ·인스타그램 | @theforestbook
출판신고 | 2009년 3월 30일 제 2009-000062호
ISBN 979-11-92444-66-6 (03450)

이 도서는 한국출판문화산업진흥원의 '2023년 우수출판콘텐츠 제작 지원' 사업 선정작입니다.